室内照明设计与应用

筑美设计／编著

江苏凤凰科学技术出版社·南京

图书在版编目（CIP）数据

室内照明设计与应用 / 筑美设计编著 . -- 南京：
江苏凤凰科学技术出版社，2024.5
ISBN 978-7-5713-4333-0

Ⅰ．①室… Ⅱ．①筑… Ⅲ．①室内照明－照明设计
Ⅳ．① TU113.6

中国国家版本馆 CIP 数据核字 (2024) 第 073518 号

室内照明设计与应用

编　　　著	筑美设计	
项 目 策 划	凤凰空间／杜玉华	
责 任 编 辑	赵　研　刘屹立	
特 约 编 辑	代文超	

出 版 发 行	江苏凤凰科学技术出版社
出版社地址	南京市湖南路 1 号 A 楼，邮编：210009
出版社网址	http://www.pspress.cn
总 经 销	天津凤凰空间文化传媒有限公司
总经销网址	http://www.ifengspace.cn
印　　　刷	北京博海升彩色印刷有限公司

开　　　本	787 mm×1 092 mm　1 / 16
印　　　张	15
字　　　数	240 000
版　　　次	2024 年 5 月第 1 版
印　　　次	2024 年 5 月第 1 次印刷

标 准 书 号	ISBN 978-7-5713-4333-0
定　　　价	88.00 元

图书如有印装质量问题，可随时向销售部调换（电话：022-87893668）。

目录

第1章

照明设计基础

重点概念： 光环境、照明设计、灯具、设计程序。

本章导读： 照明是室内设计、建筑装饰设计的重要组成部分。照明的主体是光，光不仅能满足人们的视觉需要，而且是一项重要的美学因素。光可以形成空间、改变空间或者破坏空间，它直接影响人对物体大小、形状、质地、色彩的感知（图 1-1）。

图 1-1　客厅照明

照明设计应当具有创意，对普通灯具进行改造，精确计算灯光照度，合理分布灯光点位，让灯光散发出契合空间氛围的视觉效果。本图显示的这处住宅客厅，照明灯具选用射灯，对墙面与装饰画进行重点照明，搭配台灯点亮空间边角，形成丰富的层次。

1.1 光的基础知识与光环境

1.1.1 光的基础知识

1）光的概念

照明的主体是光，光是一定波长范围内的电磁波，电磁波的波长范围很广，可见光谱没有精确的范围，一般人的眼睛可感知的电磁波波长为 380 ~ 780 nm，不同波长的电磁波反映出的颜色各有不同（图 1-2）。

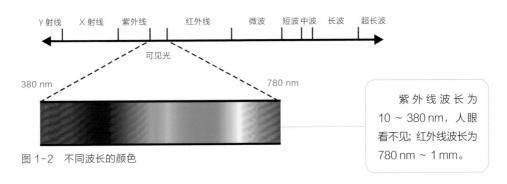

图 1-2　不同波长的颜色

紫外线波长为 10 ~ 380 nm，人眼看不见；红外线波长为 780 nm ~ 1 mm。

光的强度是衡量照明效果的重要指标，光的度量指标见表 1-1。

表 1-1　光的度量指标

名称	符号	单位	说明
光通量	Φ	流明（lm）	光源在单位时间内所发出的能量总和，又称为发光量
光度	I	坎德拉（cd）	光源在特定方向立体角内所放射的光通量，又称为发光强度
照度	E	勒克斯（lx）	单位面积内入射光的量，为光通量（lm）除以面积（m^2）所得的值，用来表示某一场所的明亮度

2）色温

光源所发出光的颜色与黑体在某一温度下辐射的颜色相同时，这个温度就是该光源的色温。色温的单位是开尔文（K）（图1-3）。

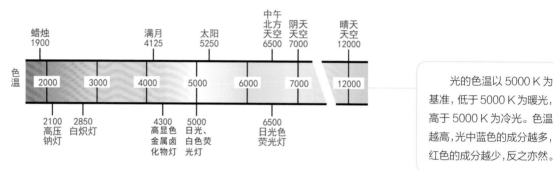

图1-3 光的色温（单位：K）

光的色温以5000 K为基准，低于5000 K为暖光，高于5000 K为冷光。色温越高，光中蓝色的成分越多，红色的成分越少，反之亦然。

现代LED灯具的色温控制方法是将标准黑体（吸收辐射的物体）加热，温度升高到一定程度时，颜色开始逐渐改变，变化顺序为深红→浅红→橙黄→白→蓝。温度升高会使LED灯具发光体产生一定衰减，因此常用的LED灯具色温多为6000 K以下（图1-4、图1-5）。

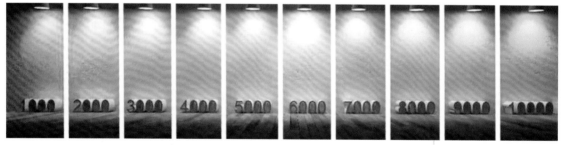

图1-4 LED灯具色温（单位：K）

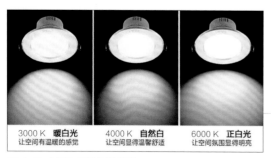

图1-5 LED灯具色温品种

LED灯的色温常选用3000～6000 K的范围，过暖或过冷的色温仅用于局部照明的氛围营造。

大多数LED灯的厂商在产品链中，只会拿出3000 K、4000 K、6000 K三种色温的产品，因为这三种产品的色温差异给大多数人带来的感受是比较均衡的。

1.1.2 光环境

　　光环境根据光源类型可分为自然光环境与人工光环境。自然光环境的光源是太阳，所有事物都跟着不同时段的太阳光有节奏地变化，人工光环境是用人造光源照明来营造室内空间感受（图1-6、图1-7）。

　　自然光环境根据采光口的不同，所形成的室内氛围也有所不同。设计自然采光时，要充分结合室内空间的使用功能、特点、风格以及当地气候等因素。

图 1-6　自然光环境

　　人工光环境能够创造不同的环境氛围，灯具的大小、造型、安装位置、安装数量等都会影响照明的视觉效果。

图 1-7　人工光环境

1）自然光

室内设计中，自然采光是首选采光方式。自然采光主要依靠设置在墙和屋顶上的洞口来获取，采光效果取决于采光口的面积、形状、方向、透光材料、外部遮挡程度等因素。根据光源方向的不同自然采光可分为侧窗和天窗两种采光形式（图1-8、图1-9）。

侧窗是在室内侧墙上开设的采光口。侧面采光有单侧、双侧、多侧采光之分，根据采光口高度位置的不同，还有高侧、中侧、低侧采光之分。

天窗是在室内空间顶部开设的采光口，顶部采光率是同样面积侧窗采光率的3倍以上。

图1-8 侧窗自然光

图1-9 天窗自然光

阳光普照万物，给人们带来了无限的生机与活力，空间设计加上对自然光的利用会形成分散、跳跃式的光形，有点、线、面多种光影效果，通过精心设计能形成微妙的层次感。光与影密不可分，光与影的相互交融能营造出良好的环境氛围（图1-10、图1-11）。

自然光对创造自然清新的空间环境有着重要作用，欢快而明亮的空间氛围也能给人积极向上的感觉和振奋人心的力量。

自然光会随着太阳位置的变化而产生角度、温度、强度等的改变，这使光影效果显得更加丰富、生动。

图1-10 清新自然的空间

图1-11 光影效果

2）人工光

人工光是利用照明灯具来创造出具有灵活性特征的光。室内人工光比自然光更具有可塑性，可以通过光源的形状、颜色、亮度、反射特性等创造出不同效果的光环境（图1-12、图1-13）。

图 1-12　氛围人工光　　　　　　　　　　　　　图 1-13　装饰人工光

氛围人工光主要通过色温来表现，多采用暖色光表现出舒适温暖的氛围。

装饰人工光多采用小功率灯具照明，通过反射、折射的效果来变化出多种灯光造型。

1.1.3　光环境应用

室内空间主要通过地面、墙面、顶棚等构件围合而成，光线可透过墙面、顶棚上的缝隙、开口进入室内。住宅空间具有生活氛围，需要营造出平和、温馨的光环境，多选用暖色灯光照明。照明形式多样，需要根据人们居住的行为习惯来设计光环境（图1-14、图1-15）。

在吊顶上自由排列筒灯、射灯来满足不同功能区的照明需求，形成重点照明的光环境。如客厅沙发上方，根据沙发造型设计筒灯与联组射灯，打造成客厅的功能重点。

图 1-15　住宅卧室空间

在床头与书桌上方设计筒灯，具有直接照明的功能。衣柜顶部与搁板中安装灯带，在关闭筒灯后可形成柔和的光环境。

图 1-14　住宅客厅空间

商业空间具有创造轻松娱乐氛围的潜能，照明设计应从光源的布局、形态、颜色等方面入手，可以灵活布置光源，自然组合灯光能获得轻快的视觉效果，可穿插不规则形状的造型灯具来达到活跃空间气氛的目的（图1-16）。

　　工作空间一般会使人处于紧张状态，要具备沉静严肃的灯光气氛。以自然光和人工光直接照明为主，减少装饰照明，在保证空间亮度的前提下增强视觉真实感（图1-17）。

　　灯光多以鲜艳的暖色为主，暖色能使人联想到阳光与火焰，从而引起情感波动，产生热烈欢快的情绪共鸣。为了营造出餐饮空间中的欢快气氛，在设计中应采用多元化照明来丰富室内环境。

图 1-16　商业空间

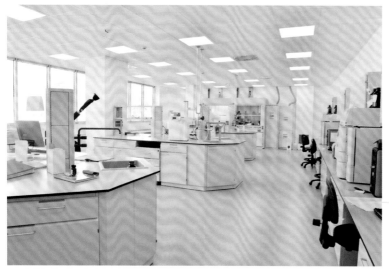

　　工作空间的灯光氛围要能起到提高工作效率的作用，可利用单一明快的照明来实现。光源的大小、形态应当尽量一致，以便形成整齐划一的格局。光源颜色应简化，以无彩色或略偏冷色为主要色调。

图 1-17　工作空间

1.2 照明基础概念

1.2.1 照明术语

照明术语是对照明专业知识的概括，能清晰反映照明设计过程中所应用的专业词汇与概念（表1-2）。

表1-2 照明术语

名称	说明
灯具效率	灯具输出的光通量与该灯具内所有光源输出的光通量之和的比值，又称为光输出系数
光源效率	光源输出的光通量与该光源所消耗的电功率的比值，数值越高，表示光源的效率越高
眩光	视野内存在干扰视觉或使视觉不舒适、疲劳的高亮度光
功率因数	交流电路中有功功率与视在功率（电压有效值与电流有效值的乘积）的比值
光源的平均寿命	光源损失50%光效时的寿命，又称为额定寿命
光束角	投光灯具1/10最大光强之间的夹角

1.2.2 照度范围

合适的照度有利于保护视力并提高工作、学习效率。照度的大小取决于发光强度，还同光源与被照面的距离有关，影响着空间环境的明亮程度（表1-3）。

表1-3 推荐照度范围

序号	空间	照度范围/lx			活动
		低	合适	高	
1	常见室内空间	20	35	50	走廊、楼梯间、卫生间、咖啡厅、酒吧等
2	短程流通空间	30	100	150	电梯前室、客房服务台、酒吧柜台、营业厅、值班室、电影院、进站大厅、门诊室、商场通道区等

序号	空间	照度范围 / lx			活动
		低	合适	高	
3	非连续使用的工作空间	100	150	200	如办公室、接待室、商品销售区、厨房、检票处、广播室、理发店等
4	简单视觉作业空间	200	300	500	如阅览室、设计室、陈列室、展览厅、常规体育场馆等
5	中等视觉作业空间	300	500	700	如绘图室、印刷车间、木材机械加工车间、汽车维修车间等
6	较强视觉作业空间	500	800	1000	如棋类等比赛场馆、小件装配车间、电修车间、抛光车间等
7	较难视觉作业空间	750	1000	1500	如手术室、常规实验室等
8	特殊视觉作业空间	1000	1500	2000	如特殊实验室、工作室等
9	精准作业空间	2000	2500	3000	进行很精准的视觉作业

1.2.3 显色性

光源对物体颜色呈现的还原程度称为显色性，也就是颜色的逼真程度。显色指数（R_a）高的光源，其数值接近 100，显色性最好。显色指数不低于 80 的光源显色性好。

太阳光的显色指数定义为 100，白炽灯的显色指数非常接近日光，因此被视为理想的基准光源。显色指数平均偏差值为 20 ～ 100，以 100 为最高，平均色差越大，显色指数越低。显色指数低于 20 的光源通常不适于一般用途（表 1-4、图 1-18）。

表 1-4 显色性

显色指数（R_a）	等级	显色性	一般应用
90~100	1A	优秀	需要色彩精确对比的场所
80~89	1B	良好	需要色彩正确判断的场所
60~79	2	普通	需要中等显色性的场所
40~59	3	合格	对显色性的要求较低、色差较小的场所
20~39	4	较差	对显色性没有具体要求的场所

显色性不是单纯的鲜与灰之间的差异，而是对被照明物体本色的显现。显色性最佳的色温为5250 K。但是室内空间照明要营造出一定氛围，多选用偏暖的色温，这就对灯具的显色性有较高要求。

R_a=20

图 1-18　室内空间显色性对比　　　　　　R_a=90

国际照明委员会（CIE）将太阳光的显色指数定为 100，并规定了 15 个测试颜色，用 R_1 ～ R_{15} 分别表示这 15 个颜色的显示指数（表 1-5），其中 R_1 ～ R_8 表示常见的自然色，R_9 ～ R_{15} 表示不常见的灯光色或专有色。灯具厂商在产品标识中会标注显色指数，如 R_a > 85（R_9 > 60），其中 R_a > 85 表示该灯具对 R_1 ～ R_8 这 8 种自然色的显色性达到了 85% 以上，R_9 > 60 表示该灯具对红色的色彩还原达到了 60% 以上。

表 1-5　色彩显色性一览表

显色指数	R_1	R_2	R_3	R_4	R_5	R_6	R_7	R_8	R_9	R_{10}	R_{11}	R_{12}	R_{13}	R_{14}	R_{15}
颜色品种															

不同空间照明对显色性的要求是不同的，大多数空间的整体照明对显色性要求不高，但是局部照明却有极高的要求，因此高显色性灯具主要用于有目的的产品照明（图 1-19）。

超市和商店的肉食柜台的照明光源，R_9 显色指数尤为重要。

烘焙糕点柜台，R_{10} > 50 表明该灯具对黄色物体有很好的颜色还原能力。

摄影棚、演播厅等需要真实再现皮肤颜色的场所，照明光源的 R_{15} 指数绝不能低。

（a）肉食柜台　　　　（b）烘焙糕点柜台　　　　（c）摄影棚　　　　（d）博物馆

图 1-19　不同空间中产品的显色性照明

博物馆、美术馆等场所则要求对所有的颜色都能高度真实还原，对 R_a 和 R_1 ～ R_{15} 指数的要求就更为严格。

1.2.4　照明功率

照明功率指灯在工作时所消耗的电功率，单位为瓦特（W）。传统的白炽灯照明功率高，但是照明强度却不高（今已逐步退出生产和销售环节）；荧光灯（节能灯）的照明功率下降了，能保持较高的照明强度；如今主流产品 LED 灯的照明功率最低，照明强度却很高（图 1-20）。

从视觉感受上对比，与常规 E27 螺口灯泡的发光强度相当的三种灯为：40 W 白炽灯、15 W 荧光灯（节能灯）、9 W 的 LED 灯。

荧光灯（节能灯）功率为 5 W、7 W、9 W、11 W、13 W、15 W、18 W、22 W、26 W、35 W、60 W、90 W、105 W、135 W、150 W、225 W。

（a）白炽灯

白炽灯功率为 15 W、25 W、40 W、60 W、100 W、200 W、300 W。

LED 灯功率为 0.06 ~ 100 W。

（b）荧光灯（节能灯）

（c）LED 灯

图 1-20　灯具中的灯泡

1.3 灯具光源

灯具是指能透过、分配和改变光源光分布的器具，包括除光源外所有固定和保护光源所需的零部件，以及与电源连接所必需的线路附件，一般指由光源、灯罩、附件、装饰件、灯头、导线 等部件装配组合而成的照明器具。

现代照明灯具的主流产品是 LED 灯，LED 又称为发光二极管，它是一种半导体发光器件，利用固体半导体芯片作为发光材料，当两端加上正向电压时，半导体中的载流子发生复合引起光子发射而 产生光（图 1-21）。

20 世纪 60 年代，科技工作者成功研制出发光二极管（LED）。当时研制 LED 所用的材料是磷 砷化镓，其发光颜色为红色。经过近 30 年的发展，LED 已能发出红、橙、黄、绿、蓝等多种色光，然而照明需用的 LED 白色光在 2000 年后才发展起来。LED 光源应用广泛，它可以做成点、线、面各种形式的轻薄、短小产品，同时只要调整电流大小，就可以随意调节 LED 的亮度。LED 不同光色的组合，使得最终的照明效果愈加丰富多彩（图 1-22、图 1-23）。

发光二极管的结构是将一块电致发光的半导体材料置于一个有引线的架子上，起到保护内部芯线的作用，抗震性能好。

LED 软灯带适用于造型吊顶内部，同时还具备不同光色。

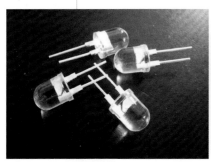

图 1-21 发光二极管

图 1-22 LED 灯管

图 1-23 LED 软灯带

LED 灯管是模拟条形荧光灯管的线形发光体，将发光二极管组合排列在条形灯架上，形成匀称均衡的发光效果。

1.3.1 LED光源特性

1）发光效率高

白炽灯的光效为 10 ～ 15 lm/W，卤钨灯的光效为 15 ～ 24 lm/W，荧光灯的光效为 50 ～ 90 lm/W，钠灯的光效为 90 ～ 140 lm/W，这些传统光源发光时将大部分电能变成了热量损耗。LED灯的光效可达到 130 ～ 200 lm/W，而且发光的单色性好，光谱窄，无须过滤，可直接发出有色可见光。

2）耗电量少

LED 单管功率为 0.03 ～ 0.06 W，采用直流驱动，单管驱动电压是 1.5 ～ 3.5 V，电流在 15 ～ 18 mA 之内，反应速度快。在同样的照明条件下，LED 灯的耗电量是白炽灯的 0.1%，是荧光灯的 50%。

3）使用寿命长

传统的白炽灯、卤钨灯、荧光灯采用热辐射发光，灯具发光易热，有热沉积等特点。而 LED 灯体积小，重量轻，环氧树脂封装，可承受高强度机械冲击和震动，不易破碎，平均寿命达10万小时，使用寿命可达 3 ～ 5 年。

4）有利于环保

LED为全固体发光体，耐冲击不易破碎，且废弃物可回收，有利于环保，应用场合广泛（图 1-24、图 1-25）。

LED光源发热量低、无热辐射，具有多种色温光源效果，适用于综合博物馆展示照明，能精确控制光型、发光角度、光色，无眩光，不含汞等可能危害人类健康的元素。

西餐厅的 LED 灯发光温度相对较低，不会让其照射的食物表面温度升高导致食物变质，同时 LED 灯体积小，能安装大体量散热片或风扇。

图 1-24　博物馆灯光　　　　　　　　图 1-25　西餐厅灯光

照明小贴士　　**LED的三种白光技术**

❶ 利用三基色原理，将已生产的红、绿、蓝三种超高亮度 LED 按光强 3 ：1 ：6 比例混合而成白色。

❷ 利用超高度蓝色 LED，加上少许以钇铝石榴石为主体的荧光粉进行混合，它能在蓝光激发下产生黄绿光，而黄绿光又可与透出的蓝光合成白光。

❸ 利用发光中心波长在 400 nm 以下的紫外光 LED，采用紫外光激发三基色荧光粉或其他荧光粉，产生多色混合而产生白光。

1.3.2　LED 灯应用范围

　　LED 灯应用范围比较广，主要用于建筑物外观照明、标识与指示性照明、景观照明、室内空间展示照明、舞台照明、道路指示照明、视频屏幕等。

1）建筑物外观照明

　　建筑物外观照明是指使用控制光束角的圆头和方头形状的投光灯具对建筑物某个区域进行投射。由于 LED 光源小而薄，线性投光灯具的研发无疑成为 LED 投光灯具的一大亮点（图 1-26）。

> LED 灯安装便捷，可以水平放置也可以垂直方向安装，与建筑物表面能更好地结合，创造良好的视觉效果。由于许多建筑物没有出挑的外部构造用以放置传统的投光灯，LED 投光灯的出现对现代建筑和历史建筑的照明手法产生了巨大影响。

图 1-26　建筑外观照明

2）标识与指示性照明

标识与指示性照明适用于空间限定和引导，如道路路面的分隔显示、楼梯踏步的局部照明、紧急出口的指示照明、楼层的引导，均可以使用表面亮度适当的 LED 自发光埋地灯或嵌在垂直墙面的灯具（图 1-27），还可以用于购物中心楼层的引导灯等。

图 1-27 剧院内部照明

LED 灯可以用作剧院观众厅内的地面引导灯或座椅侧面的指示灯。

3）景观照明

LED 灯与传统灯具不同，不需要特殊而坚固的外壳，既可以在城市道路、滨水景观、公园等区域照明，也可实现室内景观照明（图 1-28）。

对于花卉或低矮的灌木，可以使用 LED 灯进行照明，其固定端可以设计为插拔式，可以根据植物生长高度进行调节。

图 1-28 室内景观照明

4）室内空间展示照明

LED 灯精确布光，可作为博物馆光纤照明的替代品，商业照明大都会使用彩色的 LED 灯，室内装饰性的白光 LED 灯结合室内装修为空间提供辅助性照明。暗藏光带可以使用 LED 灯带，对于低矮的空间照明特别有利（图 1-29）。

图 1-29 博物馆模型展示照明

LED 灯具没有紫外线与红外线辐射，对展品或商品不会造成损害，与传统灯具相比，LED 灯不需要附加滤光装置，照明系统简单，价格实惠。

5）舞台照明

LED 灯可以动态化、数字化地控制色彩和亮度，活泼的饱和色能呈现静态和动态的照明效果。LED 灯克服了白炽灯使用一段时间后颜色偏移的缺点。与金属卤化物灯的 400 ～ 500 小时的寿命相比，LED 灯不仅降低了维护费用，而且降低了更换光源的频率，十分适合用于舞台照明（图 1-30）。

图 1-30 LED 舞台灯光

LED 舞台灯光变化多样，能形成丰富的光影特效，现场灯光师可以根据舞台节奏来控制灯光开关与色彩变化。

6）道路指示照明

道路指示照明主要用于车辆道路交通导航信息显示，并逐步采用高密度 LED 显示灯进行照明。在城市交通、高速公路等领域，LED 显示灯均可作为可变指示灯（图 1-31）。

LED 道路指示牌是在传统指示牌的基础上增加了 LED 光源，能在夜间提升行人与驾驶员的识别度，保障道路交通安全。

图 1-31 LED 道路指示牌

7）视频屏幕

全彩色 LED 显示屏采用先进的数字化视频处理技术，具有超大面积与超高亮度。屏幕上装有 LED 灯，可以根据不同室内外环境采用各种规格的发光像素，实现不同的亮度、色彩、分辨率，以满足多种用途（图 1-32）。

图 1-32 LED 屏幕

LED 屏幕突破了电视机屏幕的尺寸限制，能根据空间尺寸定制大小适宜的屏幕，无缝拼接，形成平面、弧形等多种造型效果。

1.3.3 LED灯光衰

LED灯的光衰就是光在传输中的光强减弱，而现阶段LED产品光衰程度各不相同（图1-33）。

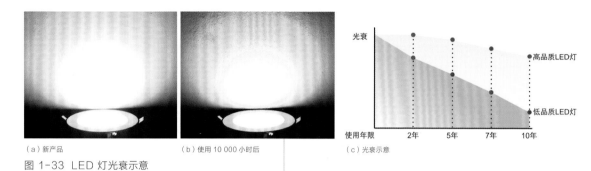

（a）新产品　　　　　　　　　（b）使用10 000小时后　　　　　（c）光衰示意

图1-33 LED灯光衰示意

随着使用时间的增加，LED灯都会有光能衰减的显现，但是耗电功率却没有太大变化，导致发光效率降低。

为了提升LED灯的发光效率并延长使用寿命，灯具后端会安装散热片为灯具降温。LED灯为恒流驱动，电源驱动器安装在灯具的上游，开关在电源驱动器上游，开关控制火线（图1-34）。

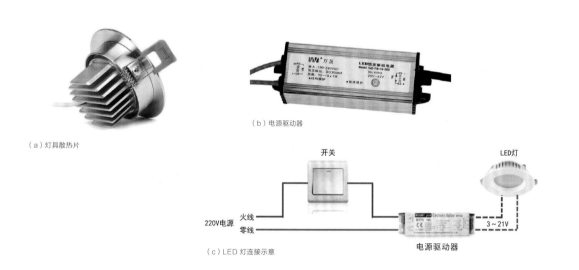

（a）灯具散热片

（b）电源驱动器

（c）LED灯连接示意

图1-34 LED灯产品配件与连接方式

灯具散热片多为铝合金或不锈钢材质，通过空气自然流通散热。电源驱动器规格应当与灯具功率等性能相匹配。开关应安装在火线上，控制火线的连通、断开。开关不能安装在零线上，否则关闭开关后灯具可能会存在微弱光亮。

1.4 灯具品种

在照明设计中，灯具常按其形态和布置方式进行分类，主要可以分为吊灯、台灯、落地灯、壁灯、吸顶灯、暗灯、筒灯、射灯、发光顶棚、轨道灯等。设计师应当根据灯具特点选择合适的灯具用于空间照明。

1.4.1 吊灯

吊灯是吊装在天花板上的高级装饰照明灯，现在通常将垂吊下来的灯具都归入吊灯类别。吊灯主要用于客厅、卧室、餐厅、走廊、酒店大堂等空间，可以分为单头吊灯和多头吊灯两种，前者多用于卧室、餐厅，后者宜装在客厅里。吊灯的安装高度，其最低点应离地面不小于 2.4 m。大型吊灯安装于结构层上，如楼板、屋架下弦和梁上，小型吊灯常安装在吊顶格栅上（图 1-35）。

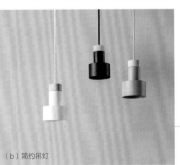

欧式古典风格吊灯大多由仿制水晶制成，具有较为复杂的造型，室内环境若潮湿多尘，则灯具容易生锈、掉漆，灯罩会因蒙尘而日渐昏暗。长久如此，吊灯会变得昏暗无光彩。

（b）简约吊灯

简约造型的吊灯通过色彩来装饰空间，此外灯头吊挂高度较低，能将发光源下降到适合的空间高度，让光源有效照射到使用面上。

（a）欧式古典风格吊灯

图 1-35 吊灯

1.4.2　台灯

　　台灯能将灯光集中在一小块区域内，主要分为装饰台灯与书写台灯。装饰台灯外观豪华，材质与款式多样，灯体结构复杂，兼顾装饰功能与照明功能。书写台灯灯体外形简洁轻便，专用于看书写字，可以调整灯杆的高度、光照方向和亮度，主要实现阅读照明功能。

　　台灯罩多用纱、绢、羊皮纸、胶片、塑料薄膜和宣纸等材料来制作。台灯在使用时要求不产生眩光，灯罩不宜用深色材料制作，放置要稳定安全，开关方便，可以任意调节明暗（图 1-36）。

（a）书写台灯　　　　　　　　　　（b）铁艺装饰台灯

護眼台灯大多自带电源，可用于停电时应急照明。

铁艺装饰台灯非常时尚，富有现代气息，造型也比较多样，风格百搭，但容易生锈。

卧室床头台灯光线比较温和，灯罩颜色比较浅，与卧室内整体装修色调一致，也不会产生眩光，可以用于睡前阅读的照明。

（c）床头台灯

图 1-36　台灯

1.4.3　落地灯

　　落地灯主要用于客厅、书房，作为阅读书报或书写时的局部照明，多靠墙放置，或放在沙发侧后方 500 ~ 750 mm 处。落地灯在结构上安全稳定，不怕轻微碰撞，电线稍长，能适应临时改变位置的需要。此外，落地灯还要能根据需要随意调节灯具的高度、方位和投光角度。

落地灯支架和底座的制作以及选择一定要与灯罩搭配好，比例大小不能失调。落地灯高度为1.2 ~ 1.8 m，能调节高度或灯罩角度者最佳。灯具的造型与色彩要与家具摆设相协调（图1-37）。

落地灯的罩子，要求简洁大方、装饰性强，筒式罩子较为流行，华灯形、灯笼形也较多用。落地灯的支架多为金属或是利用自然材料制成。

客厅沙发旁装饰一盏可折叠伸展的落地灯，既能保证读书需要，还不会影响看电视。

（a）墙角落地灯　　　　　（b）折叠伸展落地灯

三角支架落地灯可以调整灯的高度，改变光圈的直径，从而控制光线的强弱，营造朦胧的美感。

落地灯从造型上看，常以瓶式、圆柱式的座身为主，配以伞形或筒形罩子，用于沙发旁或家具转角处。

（c）三角支架落地灯　　　（d）瓶式落地灯

图1-37　落地灯

1.4.4　壁灯

壁灯是安装在墙上的灯，用来提高部分墙面亮度，在墙上形成亮斑，以打破大片墙的单调气氛。由于壁灯照度不大，可以用在一大片平坦的墙面上或镜子的两侧。

壁灯的种类和样式较多，常见的有墙壁灯、变色壁灯、床头壁灯、镜前壁灯等。墙壁灯多装于阳台、楼梯、走廊过道以及卧室，适宜作长明灯；变色壁灯多于节日、喜庆之时采用；床头壁灯大多装在床头的斜上方，灯头可多向转动，光束集中，便于阅读；镜前壁灯多装饰在盥洗间镜子附近。

（b）客厅壁灯

壁灯安装高度应略高于视平线（1.7 m 高左右）。壁灯的照明亮度不宜过大，这样更富有艺术感染力。壁灯灯罩的选择应根据墙色而定，白色或奶黄色的墙可以采用浅绿色、淡蓝色的灯罩；湖绿色或淡天蓝色的墙面可以采用乳白色、淡黄色或茶色的灯罩（图 1-38）。

在客厅电视机后部墙上装有两盏小型壁灯，光线比较柔和，有利于保护视力，同时也为客厅提供了局部照明。

壁灯有附墙式和悬挑式两种，安装在墙壁或柱子上，且壁灯造型要富有装饰性，适用于各种室内空间。

（a）壁灯

（c）卧室壁灯

图 1-38　壁灯

壁灯宜用表面亮度低的漫射材料灯罩，假若在卧室床头上方的墙壁上装一盏茶色刻花玻璃壁灯，整个卧室就会充满古朴、典雅的韵味。

照明小贴士

灯泡接口

吊灯、台灯、落地灯、壁灯通常采用灯泡，安装方式分为卡口、螺口等，以 E27 螺口最为普遍。E 是指螺旋灯座或螺旋灯头，27 是指螺口灯泡的直径数值。按照直径进行区分，灯泡螺口一共可以分为 4 种规格，分别是直径为 14 mm、22 mm、27 mm、40 mm（图 1-39）。

E27 螺口用于常规灯具。

E14 螺口用于冰箱灯或小型台灯、壁灯、家具内构造灯。

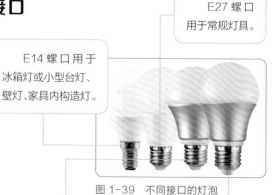
图 1-39　不同接口的灯泡

E22 螺口用于特殊器材设备。

E40 螺口用于体育场馆、工厂车间、仓库等。

1.4.5　吸顶灯

　　紧贴在顶棚上的灯具统称为吸顶灯，灯具上方较平，安装时底部完全贴在顶棚平面上。吸顶灯适用范围较大，可单盏使用，也可组合使用。吸顶灯是家庭、办公室、文娱场所等各种场所经常选用的灯具（图1-40）。

（a）透光吸顶灯　　（b）简约吸顶灯

图1-40　吸顶灯

现代吸顶灯造型丰富，多带有光栅造型，灯光能形成透射光斑效果，具有吊灯的装饰性。

造型简洁的吸顶灯适用性很广，既可以用于简约风格室内空间，又可用于古典风格室内空间。金属材质的吸顶灯适用面更广泛。

1.4.6　暗灯

　　设置在吊顶或装饰构造内的灯统称为暗灯，可形成装饰性很强的照明环境。灯和建筑装饰吊顶、构造相结合，可形成和谐美观的统一体。暗灯的部分光射向天棚，增加了吊顶内部的亮度，有利于调整空间的亮度与对比度（图1-41）。

吊顶处的暗灯能有效防止眩光的产生，同时也能降低灯具与周边环境的亮度比，便于营造更舒适的照明环境。吊顶处的暗灯与背景墙构造中的灯带相互结合，提升了背景墙的造型层次感，能衬托墙体造型并形成装饰对比。

在不锈钢或铝合金等材料的踢脚线中安装暗灯，具有照亮地面与空间轮廓的功能，在夜间不开启顶部灯光即可照亮地面，指引行走方向。

柜体中每一块层板后部或下部安装暗灯，能照亮每一块层板内的局部空间，具有较强的氛围感。

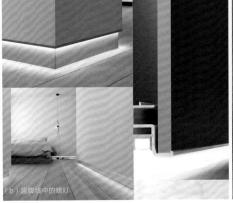

（a）吊顶与背景墙中的暗灯　　（b）踢脚线中的暗灯　　（c）柜体层板中的暗灯

图1-41　暗灯

1.4.7 筒灯

　　筒灯是嵌入天花板内部、光线向下投射的照明灯具，它的最大特点就是能保持空间造型的整体统一，不会因为灯具而破坏吊顶造型。筒灯嵌装于天花板内部，所有光线都向下投射，属于直接配光。

　　筒灯造型紧凑而光通量高，外形保持紧凑设计，降低了灯具的存在感。筒灯有镜面型和磨砂型两种反射板，即带来闪烁感的镜面反射板和以适度的灰度来调和天花板的磨砂反射板。筒灯采用了滑动固定卡，施工方便，可以安装在厚 3 ～ 25 mm 的吊顶材料上，维修方便（图 1-42）。

（a）明装筒灯

　　筒灯不占据空间，可以增加空间的柔和气氛，如果想营造温馨的感觉，可试着装设多盏筒灯，减轻空间压迫感。明装筒灯主要适用于大型办公室、会议室、百货商场、专卖店、实验室、机场等公共空间，亮度比较高。

（b）暗装筒灯

图 1-42　筒灯

　　暗装筒灯在酒店、家庭、咖啡厅使用较多，有大（φ150 mm）、中（φ100 mm）、小（φ63 mm）三种规格。暗装筒灯安装容易，不占用空间，大方、耐用，通常使用寿命在 5 年以上，款式不容易变化，价格也相对便宜。

1.4.8　射灯

射灯是一种小型聚光灯，常用于突出展品、商品或陈设装饰品。射灯的尺寸比较小巧，颜色丰富。在结构上，射灯都有活动接头，以便随意调节灯具的方位与投光角度。因为造型玲珑小巧，非常具有装饰性，射灯可安置在吊顶四周或家具上部、墙内、墙裙或踢脚线里。光线直接照射在需要强调的家具器物上，以突出主观审美作用，达到重点突出、环境独特、层次丰富、气氛浓郁的艺术效果（图1-43）。射灯与筒灯相比，两者各有特点（表1-6）。

射灯是以各种组合形式置于装饰性较强的部位，从细节中发现乐趣。因其属于装饰性灯具，选择时应着重外形和所产生的光影效果。

（a）吊挂射灯

（b）顶棚射灯

图1-43　射灯

有些射灯还能表现雍容华贵的空间氛围，既可以对整体照明起主导作用，又可以局部采光，烘托气氛。

表1-6　筒灯和射灯区别对比

对比项目	筒灯	射灯
图例		
光源	光源方向是不能调节的，无聚光构造，光源相对于射灯要柔和	光源方向可自由调节，有聚光构造，光源集中
应用位置	暗装筒灯安装在吊顶内，吊顶内空应当大于50 mm，明装筒灯可以安装在无顶灯或吊灯的区域，间距为600～1200 mm，与墙面距离为200～400 mm	可以分为轨道式、点挂式和内嵌式等多种。内嵌式的射灯可以装在吊顶内，用于需要强调被照射物品、构造的装饰效果。射灯大多为独立功能照明，间距不定，与墙面距离不定
价格	较便宜	较昂贵
安装位置	嵌入吊顶内，光线向下照射，不占据空间	安装在吊顶四周或家具上部，或置于墙内、墙裙、踢脚线内

射灯的照明魅力主要体现在光束角上，由于光源的光通量有限，且灯具的出光点是发散的，光不会布满整个空间。即使是球形的白炽灯，在灯头部位也会有光死角。从光轴的平切面看，在有光范围的边界上就会形成界线，界线之间的夹角就是光束角。用于墙面照射的射灯光束角最佳角度为24°～30°（图1-44）。

光束角是灯光照明范围的体现，主要由灯具的灯罩、透镜、功率、安装角度、照射距离等因素来决定。

15°光束角适用于局部重点照明，照亮一幅画或一张桌子。

24°光束角射灯最常用，适用于照射墙角装饰品，安装在距离墙面400 mm左右的位置。

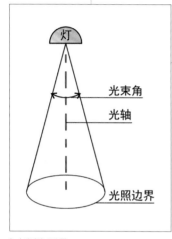

（a）光束角示意图

（b）15°光束角模拟照明效果

（c）24°光束角射灯真实照明效果

同等功率的射灯，光束角越小，照度越大，光束角越大，照度越小，要根据不同环境需要来选择。

射灯发光体外围具有多级聚光构造，每一级均能形成一个光束角，最终能获得多重光束效果。

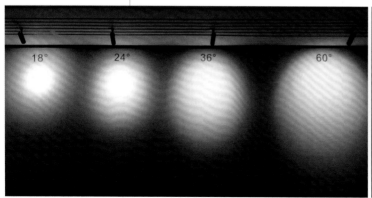

（d）同等功率不同光束角照明对比

图1-44　射灯光束角

（e）多级聚光构造

1.4.9　发光顶棚

发光顶棚是模仿天然采光的效果而设计的，在玻璃吊顶至天窗间的夹层里装灯，便构成了发光顶棚，其构造方法有两种：其一，将灯具直接安装在平整的楼板下表面，再用钢框架做成吊顶棚的骨架，铺上某种扩散透光材料；其二，使用反光罩，使光线更集中地投到发光顶棚的透光面上（图1-45）。

（a）局部发光顶棚　　　　　　　　　　　　　　　（b）整体发光顶棚

图1-45　发光顶棚

局部发光顶棚造型简单，耐久性强，能够有效地将天花板处的设备管线和结构构件隐蔽，同时能很好地改善室内的照明环境。

整体发光顶棚造型多样，富有曲线感，灵活性比较大，能够有效地提高整个空间内的装饰效果，但对技术要求较高，施工难度较大。

1.4.10　轨道灯

传统轨道灯为明装轨道射灯，在杆状轨道上安插多盏射灯，灯具的照明方向可以任意调节。现代室内空间追求简洁造型，将轨道嵌入吊顶板材中，灯具形成模块嵌入轨道，通过磁铁吸附安装，可任意变换位置，又称为磁吸轨道灯（图1-46）。

明装轨道射灯可直接安装在建筑楼板上，灯具完全暴露在空间中，不适合净高较低的室内空间，多用于专卖店、展厅等空间。

磁吸轨道灯为模块化设计，所有灯具模块均为嵌入磁吸，灯具可暗装或明装，形成丰富的照明氛围，可以根据室内净高来选择灯具模块品种。

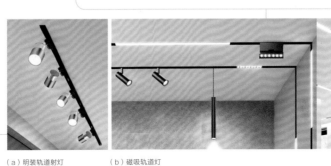

（a）明装轨道射灯　　　（b）磁吸轨道灯

图1-46　轨道灯

 **照明设计程序**

　　有序的设计能节省更多设计时间，同时也能使室内照明更具条理性，照明设计中要充分结合时代特色与最新的照明设计标准，与时俱进，力求设计出具有时代特色和创意性的艺术照明作品（图 1-47）。

图 1-47　照明设计程序

本章小结

　　灯光是最富情感的设计元素，合理的照明设计能使室内空间更符合人的心理、生理需求，具有增加空间层次、增强建筑装饰艺术效果、增添生活情趣的功能。照明设计不仅要满足功能需求，更要能够渲染空间装饰氛围，点缀装饰艺术造型。照明具有强烈的艺术美感，在照明设计中应当分析人的生理、心理和美学感受，具备人性化的设计理念。

第2章

照明电路设计

重点概念：照明电路、线路敷设、功率计算。

本章导读：照明电路在室内外空间设计中非常重要，为了充分表达设计理念，保障照明设计的实用性和安全性，设计师需要掌握电气设计基础知识，对于强电、弱电、回路设置、空气开关控制、电线线径、用电荷载等方面的知识要有一定了解（图2-1）。

图2-1 书房照明

　　书房面积较小，如果照明灯具较单一，就会造成空间氛围单调。在空间尺寸上可选择降低灯具安装高度，灯具布置多元化，让灯光层次更加丰富，导线规格要根据灯具功率精确计算后再确定。

2.1 照明与电学基础

在正式开始照明设计之前，需要了解照明电压，分清强电、弱电基础知识。设计师应当掌握小范围改造照明电路的操作技能，这样既可提高工作效率，也能降低照明工程成本。

2.1.1 照明电压

我国民用电压为 220 V 和 380 V 两种，均为交流电，不同场所的灯具应选用不同的照明电压。220 V 电源是常见的供电电源，为单相供电，即一根火线与一根零线能构成一个完整的电源回路，满足照明等用电需求，在必要时会增加一根地线保障用电安全，这种组合称为单相三线；380 V 电源为三相供电，即三根火线与一根零线能构成一个完整的电源回路，满足大功率照明等用电需求，此外还有一根地线保障用电安全，这种组合称为三相五线。

在照明电路设计中，只会用到单相 220 V 电压，即使是大功率灯具也是从 380 V 三相五线中取一根火线与一根零线连接照明灯具，这样形成的电压仍然是单相 220 V。只是三相 380 V 能承载的功率是单相 220 V 电源的 1.7 倍左右。因此，220 V 单相三线适用于常规照明灯具，380 V 三相五线适用于高功率照明灯具（表 2-1）。

表 2-1　单相与三相供电对比

供电形式	电压	图例	适用	应用
单相三线	火线与零线之间为 220 V	火线 零线 地线 → 照明灯具	常规照明	直接连接照明灯具
三相五线	火线与零线之间为 220 V；火线之间为 380 V	火线1 火线2 火线3 零线 地线 → 动力机械设备	高功率机械设备	取其中一根火线与零线形成回路，可连接照明灯具

注：功率高且发热量大的照明灯具，其金属外壳需要连接地线，防止灯具线路老化意外漏电，能确保使用安全。

为了延长灯具的使用寿命，减少灯具发热量，在照明灯具线路末端多会使用工作电压更低的灯具，其电压多为 12 V 直流电。这就需要在发光灯具线路上游安装变压器，将 220 V 交流电转换为 12 V 直流电，但是低电压通常用于低功率局部照明灯具，如住宅中常用的筒灯、装饰射灯、灯带等。

不同的照明灯具因其功率不同，所产生的电流也不同，所需电压也会有所不同（表 2-2）。

表 2-2　常用照明功率、电压、电流

照明功率（W）	电压 12V 环境下的电流（A）	电压 220V 环境下的电流（A）
100	< 5	—
100 ～ 200	5 ～ 16	0.5 ～ 1.2
300 ～ 400	16 ～ 25	1.2 ～ 2.4
500 ～ 600	25 ～ 32	2.4 ～ 3.6
700 ～ 800	32 ～ 40	3.6 ～ 4.8
900 ～ 1000	40 ～ 63	4.8 ～ 6
2000	—	12
3000	—	18
4000	—	24

注：一表示超出主流空气开关产品限定，不主张列入设计范畴。

 照明小贴士 **不同功率、电压灯具的适用范围**

　　LED 球泡灯适用电压为 90 ～ 270 V，功率为 80 W，适用于工厂车间、商业超市、家居住宅等空间内的照明；LED 防爆照明灯，主要电压为 220 V，功率有 30 W、40 W、50 W、80 W、100 W；LED 玉米灯，末端电压为 12 V，功率为 3 ～ 18 W，照明效率高，比较经济，多在室内空间中使用，使用环境温度跨度比较大（图 2-2 ～图 2-4）。

发光 LED 被罩在内部，乳白色灯罩能将光线散开，形成均匀发光。灯罩下部空间为散热片与变压器，可直接连接 220 V 电源。

LED 防爆照明灯照明表面为钢化玻璃，外部框架为金属构造，具有很强的抗冲击性，部分产品需要外置变压器。

LED 发光贴片均匀排列犹如玉米棒，下部构造内为散热片与变压器，可直接连接 220 V 电源。

图 2-2　LED 球泡灯　　　图 2-3　LED 防爆照明灯　　　图 2-4　LED 玉米灯

照明灯具线路末端的电压值与额定电压值都会有一定差距，主要受线路长度与用电环境影响。在常规工作场所中，实际电压为额定电压值的 -5% ～ 5% 之间；远离电源的小面积空间，电压偏移值为额定电压值的 -10% ～ 5% 之间。对于大型的照明器，还会采用照明变压器，照明电压会随着场景的不同而发生变化。

用于室内的照明灯具，其电压基本都在 220 V 之内。无论是吊灯、台灯、壁灯、吸顶灯、射灯，还是筒灯，在使用时都要考虑到安全性，电压一定要控制好（图 2-5 ～图 2-7）。

图 2-5　冰箱灯

冰箱灯用于冰箱和展柜内的照明，属于特殊照明，电压为 24 V，功率为 3 ～ 15 W，正白光，能承受的温度跨度比较大。

住宅餐厅半圆形吊灯，电压为 220 V，照明功率为 40 W，照射面积为 15 ～ 30 m²，主要适用于餐厅、卫生间、走廊、客厅等室内家居空间。

图 2-6　住宅餐厅灯

此处防水户外壁灯电压为 220 V，功率为 40 ～ 50 W，有效照明的地面面积为 3 ～ 5 m²。

图 2-7　庭院廊道壁灯

照明小贴士 **灯具电压**

我国标准电压通常为 220 V，特殊场所会有例外，如移动式和手提式灯具在干燥空间中电压不大于 50 V，在潮湿空间中电压应不大于 25 V；用于隧道、人防空间以及有高温、导电灰尘或灯具离地面高度低于 2.4 m 等场所的照明器，电压不大于 36 V；用于潮湿和易触及带电体场所的灯具，电压不大于 24 V；用于非常潮湿的空间但导线良好的灯具，电压不大于 12 V。

LED 霓虹灯取代了采用稀有气体发光的霓虹灯，采用贯穿连续的 LED 灯光带制作，模拟出传统霓虹灯的连续照明效果。工作时灯具温度在 75°C 以下，它能在露天禁受住日晒雨淋，也能在水中工作，所产生的色彩绚烂多姿，且使用寿命较长，投入成本较低，是一种经济的照明灯具（图 2-8 ~图 2-10 ）。

LED 柔性霓虹灯采用 PE 树脂制作，能弯曲成想要的任何形状，具有非常强的灵活性，额外搭配整流器，输入电压为 220 V。

广告文字 LED 柔性霓虹灯可制作不同造型的文字，能模拟出传统霓虹灯的光色效果，且更加节能。

高密度低压 LED 霓虹灯在正常照明过程中会有发热，持续照明不要超过 12 小时，否则会影响 LED 发光体的寿命。LED 霓虹灯在商业空间适用于局部装饰。

图 2-8 LED 柔性霓虹灯

图 2-9 LED 霓虹灯商业展示（一）

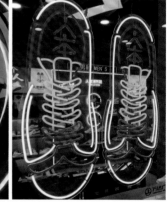

图 2-10 LED 霓虹灯商业展示（二）

2.1.2 强电与弱电

强电一般是指电压在 24 V 以上的交流电，如我国的普通民用电压为 220 V，工业用电电压为 380 V，这些都属于强电。强电的特点是电压较高、电流大，适用设备的功率大、频率低，主要应用于动力、照明（图 2-11、图 2-12）。

图 2-11 强电设备

图 2-12
照明配电集成开关

照明配电箱主要用于发电厂、变电站、高层建筑、机场、车站、仓库、医院等建筑照明和小型动力控制电路，交流单相电压为 220 V，交流三相电压为 380 V，均属于低压强电。

强电用电设备主要有照明灯具、电热水器、取暖器、消毒机、电冰箱、电视机、空调、电炊具等

弱电是指电压在 36 V 以内的直流电，特点是电压低、电流小、功率小、频率高。如安防监控系统、自动报警联动系统等智能化设备，电话、电视机等数字信号输入设备，音响设备输出端线路等（图 2-13、图 2-14）。弱电功率以瓦（W）、毫瓦（mW）计算，电压以伏（V）、毫伏（mV）计算，电流以毫安（mA）、微安（μA）计算。

图 2-13 弱电应用

图 2-14 弱电设备

弱电用于信息传递，指直流电路或音频、视频线路，网络线路以及电话线路，直流电压多在 36 V 以内。

弱电设备在安装时，要与强电设备分开，独立设计安装，避免相互干扰。

2.2 照明电路布置

了解照明供电设计原则、照明供电回路、空气开关参数、配电箱布置等知识非常重要，有助于提高照明设计的节能、环保。

2.2.1 照明电路设计要领

（1）综合考虑照明线路的导线截面与导线长度，以每单相回路电流不超过 16 A 为宜。

（2）室内分支线长度，三相 380 V 电压的线路，布线长度一般不超过 50 m；单相 220 V 线路，布线长度一般不超过 100 m。

（3）如果安装高强度气体放电灯或其他暖光照明，这类灯具启动时间长，启动电流大，单相回路电流不超过 30 A，并要安装带漏电保护器的空气开关。

（4）每单相回路上的插座数不应多于 15 个，灯头和插座总数不得超过 30 个，花灯、彩灯、多管荧光灯的插座宜以单独回路供电。

（5）应急照明作为正常照明的一部分同时使用时，应有单独的控制开关，应急照明电源应能自动投入应急使用。

（6）每个配电箱和线路上的负荷分配应力求均衡（图 2-15）。

图 2-15　配电箱布置与检查

配电箱布置安装是照明电路设计的重要工程，布置时要注意照明线路之间是否通畅，安装完毕之后一定要通电检查。避免两个不同回路之间发生干扰、击穿、短路等风险，避免烧毁器件，造成触电事故。为了保证电线排列整齐，布局逻辑一目了然，应当采用网孔底板做基础，将线路横平竖直绑扎整齐。

2.2.2　照明供电回路设计

照明供电回路设计要结合具体情况进行，同时要考虑安全、成本等要求综合进行设计。以一套 420m² 左右的会议室为例，会议室的供电回路主要以照明为主，并将空调、其他插座单独设计（图 2 16）。

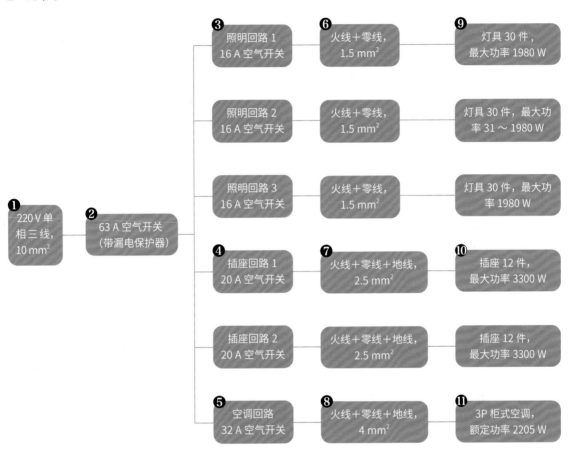

图 2-16　会议室电气分路设计示意

注：

① 单相三线电压为 220 V，由室外进入室内配电箱中，分别为一根火线、一根零线、一根地线，每根电线的截面面积为 10 mm²。

② 带漏电保护器的空气开关最大承载电流为 63 A，能敏感检测到意外漏电，能在漏电时跳闸，保证用电安全。

③ 分支空气开关最大承载电流为 16 A，用于照明回路控制。

④ 分支空气开关最大承载电流为 20 A，用于插座回路控制。

⑤ 分支空气开关最大承载电流为 32 A，用于空调回路控制。

⑥ 照明回路为两根线，一根火线、一根零线，每根电线的截面面积为 1.5 mm²。

⑦ 插座回路为三根线，分别为一根火线、一根零线、一根地线，每根电线的截面面积为 2.5 mm²。

⑧ 空调回路为三根线，分别为一根火线、一根零线、一根地线，每根电线的截面面积为 4 mm²。

⑨ 单一回路上的灯具数量不超过 30 件，总功率不超过 1980 W。

⑩ 单一回路上的插座数量不超过 12 件，总功率不超过 3300 W。

⑪ 220 V 单相三线上最多只安装一台 3P 柜式空调，额定功率为 2205 W。

在照明系统中，每一个单相分支回路电流应不超过 16 A，且灯具数量也不应超过 30 件，一般的照明配电控制柜，最好将分支回路控制在 20 件以内，注意要配备好备用支路。

在普通插座分支回路中，不得采用三相低压断路器对三个单相分支回路进行控制保护。当所需的插座为单独回路时，每一个回路的插座数量都不得超过 12 件，而用于计算机等高档精密设备的电源的插座数量一般不超过 5 件。

此外，大型吊顶中的灯带一般为单独回路，不与其他灯具回路混合，灯带分支回路的连接线方式一般为间隔形式连线，能分开控制开启关闭，起到节能作用。当照明电路设计完毕后，还要考虑以后的增补、修改，因此一个回路一般为 20 件左右的灯具。在商场或办公空间中，所有灯具的布置形式、型号、功率相同，回路上的灯具可以破例达到 50 件。

2.2.3 照明电路设备

照明电路主要包括电能表、总空气开关、分支空气开关、导线、开关、插座、灯具等（图2-17 ~ 图2-25 ）。

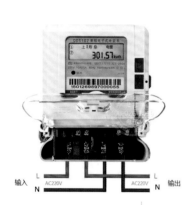

图 2-17 电子式单相电能表

电能表用来测量电路消耗了多少电能，计量每单位时间消耗的电能值，常用单位为千瓦时，即度。电能表常见的有感应式机械电能表和电子式电能表，其中电子式电能表价格低，使用灵活，主要用于照明电路计电。

三相总空气开关承载电流较大，多为 80 ~ 125 A，同时接入并输出三根火线。

图 2-18 三相总空气开关

图 2-19 单相总空气开关

单相总开关承载电流适中，多为 40 ~ 100 A，同时接入并输出火线与零线，并带有漏电保护装置。

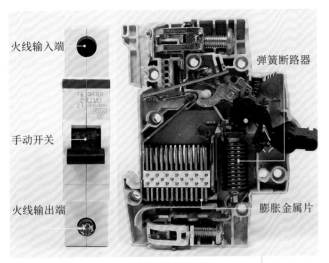

火线输入端

弹簧断路器

手动开关

火线输出端

膨胀金属片

图 2-20　分支空气开关

图 2-21　导线

导线内部为铜芯材质，照明导线的铜芯规格以截面面积为 1.5 mm² 和 2.5 mm² 居多，外部绝缘层的颜色代表不同用途，如红色、绿色、黄色均表示三相火线；仅有红色表示单相火线；蓝色表示零线；黄绿相间表示地线；白色、黑色表示弱电或信号线等。

分支空气开关大多只对火线进行断路控制，当该回路上发生短路等电流过大的状况时，高电流所产生的热量会使密封在内部的金属片膨胀，热能转化为机械能，促使开关断路，保证用电安全。

多功能插座适用于移动灯具，如立柱灯、装饰灯、台灯等，能随时拔掉插头用于其他用电设备接入电源。

图 2-22　灯具开关

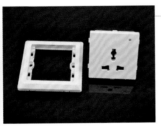

图 2-23　多功能插座

插座灯具多为可移动的装饰灯具，可在空间中随意摆放，通过插座连接电源，灯具上配有开关。

灯具开关适用于照明回路末端灯具控制，电路中的火线在开关中断开或合并，通过手动按压来控制。

接线灯具多为固定安装，安装在墙顶面或固定构造中，通过灯具开关控制。

图 2-24　接线灯具

图 2-25　插座灯具

2.2.4 照明电路实施步骤

照明电路设计应该根据整个空间的结构、照明设备位置、其他电器设备位置等综合考虑与设计。设计时要充分考虑到不同回路负载的承受能力，不能超出负荷，以免引起短路，造成火灾事故（图2-26）。

图 2-26　照明电路实施步骤

照明分支回路的功率要控制在 2000 W 左右，过低会造成导线回路连接功率不足，浪费资源；过高会造成电路过载，引发安全事故。如果使用大功率照明灯具，则按照每件 100 W 计算。插座的左侧接零线（N），右侧接火线（L），中间上方接保护地线（PE）。一般插座用 SG20 管，照明用 SG16 管，当管线长度超过 15 m 或有两个直角弯时，要增设接线盒。顶面上的灯具位要设接线盒固定，且接线盒与 PVC 管固定衔接。导线的接头应设在接线盒内，导线超出穿线管的线头要预留 150 mm 左右。

2.2.5 空气开关与配电箱

选择合适的空气开关才能合理分配照明。空气开关与配电箱是室内空间电路设计中的重要部分，电源从室外进入室内，首先要接入配电箱中的空气开关，然后按设计回路进行布线（图2-27）。

常见的型号有 C16、C25、C32、C40、C60、C80、C100 等规格，其中 C 表示起跳电流，是指能促使空气开关自动断路的电流强度。例如，C32 表示起跳电流为 32 A，人型照明灯具达到6000 W 时要用 C32 的空气开关，达到 7500 W 时要用 C40 的空气开关。建筑室内配电箱并非仅负担照明电能分配，它还会负担插座的电能分配（图2-28、图2-29）。

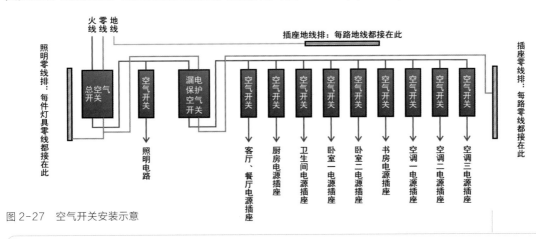

图 2-27　空气开关安装示意

这是一套比较标准的家居住宅电路空气开关安装示意图，火线与零线由室外引入室内，接入总空气开关，由总空气开关输出连通至漏电保护空气开关后，连接到各分支空气开关。由于照明电路在家居住宅中配置较简单，因此不设计连入漏电保护空气开关下游，防止受到其他大功率用电设备干扰。空气开关能控制总用电回路与分支用电回路的开关，在电路设计时多按空间与电器设备功能综合考虑，最终确定空气开关分配，力求每个分支回路彼此间不会发生干扰。

图 2-28　单相配电箱

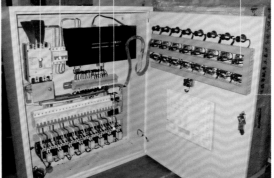

图 2-29　三相配电箱

单相配电箱进线电压为 220 V，电流强度在 63 A 以下，负载分支的照明灯具与电器设备的电流强度在 32 A 以下。

三相配电箱进线电压为380 V，电流强度在 120 A 以下，负载分支的照明灯具与电器设备的电流强度在 63 A 以下。

2.2.6　导线布置方法

　　熟练掌握电气设计方法才能进行科学的照明设计，电气设计时要明确线路布置，提前预留足够的插座与出线头，不能将两根火线共用一根零线（图2-30～图2-35）。

導線颜色不能混用，根据图2-21中图解文字内容来搭配导线颜色。

导线伸出穿线管后应当预留150 mm以上，用电工胶布绝缘缠绕后卷起收在接线盒内备用，待安装灯具时再解开连接。

图2-30　辨清导线颜色

图2-31　接线盒内预留

图2-32　导线螺旋相接

低压电源可以采用导线端子连接，多适用于低压灯具与供电导线之间连接。

导线对接采用螺旋形缠绕连接，还可以根据需要对缠绕部位浸锡，强化连接效果。配线时要尽量减少导线接头，接头如工艺不良会使接触电阻过大，造成电线发热量过大而引起火灾。

图2-33　导线端子相接

图2-34　吊顶上方配线

图2-35　混凝土墙面配线

吊顶上方导向穿线管可采取最短距离连接，但是要采用管线钉卡固定牢靠。线的总截面面积应小于管内净面积的40%。

干净的混凝土结构面，采用黄蜡管穿套导线，但是长度应控制在1 m以内，并避免过度弯折。

2.2.7　明敷与暗敷

了解电路敷设的基本知识，如果遇到照明故障，可以快速找到故障原因，并能提出相应的解决方案，在一定程度上能延长照明电路寿命。

1）明敷

明敷又称为走明线，采用绝缘材料制作的线槽沿墙面、顶面等建筑构造敷设，可用于不太追求视觉效果的室内空间，广泛用于工厂厂房、车间、库房等（图2-36、图2-37）。

明敷施工简便，容易维护并且成本耗费较低，多采用PVC明装穿线管铺装，配套安装明装插座、开关、接线盒等设备。

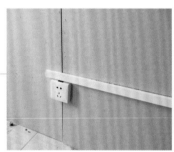 

图2-36　墙面明敷　　　　图2-37　顶面桥架明敷

在照明控制设备机房，由于线路较多，多会采用吊挂式明敷，又称为桥架敷设，采用彩色镀锌钢板制作的线槽承托各种电线，桥架线槽通过钢筋或型钢吊挂在顶面下部，高度低于顶面横梁、管道设备、灯具，桥架的构造净空最低，方便敷设与检修。

2）暗敷

暗敷又称为走暗线，属于隐蔽工程，是将绝缘导线穿入镀锌钢管、PVC管、黄蜡管中，然后将其埋入墙体、地面中。施工时先在相应部位开槽，再将导线和线管置入，最后用水泥砂浆等材料将其封闭。在装饰装修中也会将线管置于吊顶构造内，这样操作工序较少，也不影响美观（图2-38、图2-39）。

用电锤与切割机在墙体上凿出凹槽，置入穿线管与接线盒，穿好电线后，用水泥砂浆将线槽封闭平整，在封闭管线之前，应保留实际布设电线图纸，以备维修时提高工作效率和准确度。

 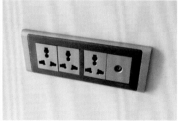

图2-38　暗敷电线底盒　　　　图2-39　暗敷插座面板

在装饰装修后期，墙面完成饰面施工后，在接线盒上安装开关、插座面板，完成电路敷设，从外部看不到电线，视觉效果良好。

消防报警系统中也有照明设备，如应急灯。这些用电设备在进行电路设计时要注意：如果采用暗敷，应敷设在不燃体结构内，且保护层厚度不宜小于 30 mm；如果采用明敷，应采用金属管或金属线槽，其表面应涂刷防火涂料保护（图 2-40、图 2-41）。

应急灯安装在室内楼梯间、走道处的醒目位置，当发生火灾时会收到消防照明、报警控制箱的指令而点亮，或在整体电路断电后照明。

图 2-40　应急灯

图 2-41　消防照明、报警控制箱内部

消防照明、报警控制箱的安装应当与装饰面平齐，照明电路线材为专用双色绞线，具有较强的抗拉伸能力。

 **家居住宅线路布置方法**

客厅布置四支线路，包括电源线路、照明线路、音响电视线路和空调线路，客厅至少应留 4 个电源线口。

餐厅布置三支线路，包括电源线路、照明线路、空调线路。

阳台布置一支线路，包括电源线路与照明线路混合使用。

卧室布置三支线路，包括电源线路、照明线路、空调线路。床头柜的上方要预留电源线口，并采用带开关的五孔插线板，卧室照明灯光采用双控开关，一个安装在卧室门处，另一个安装在床头柜边。

厨房布置两支线路，包括电源线路和照明线路，切菜区可以安装一个小灯，以免光线不足，并预留微波炉、电饭煲、消毒碗柜、电冰箱、料理机、抽油烟机等家电的电源插座。

卫生间布置两支线路，包括电源线路和照明线路，吊顶上的取暖器可与照明线路相混合，热水器和洗衣机的电源插座要预留。

2.2.8　照明导线

电能是通过导线（电线）来传递的，导线品种繁多，根据用途不同，其导电能力不同，价格也有差别，如何经济合理地选择导线非常重要。

在导线标识上，"BV—500"表示单芯铜导线，绝缘层耐压 500 V，"×mm²"表示导线的截面面积。电气设计可按 1 mm² 铜导线约承载 6 A 电流估算。因此，2.5 mm² 照明线可承受 16 A 电流，即 3300 W 承载功率；4 mm² 插座可承受 25 A 电流，即 5280 W 承载功率（表 2-3）。

表 2-3　220 V 电压环境下单芯铜导线承载电流和功率

导线截面 / mm²	承载电流 / A	安全承载电流 / A	安全承载功率 / W
1	6 ~ 10	6	1320
1.5	10 ~ 16	10	1980
2.5	16 ~ 25	16	3300
4	25 ~ 32	25	5280
6	32 ~ 40	32	7920
10	40 ~ 63	40	13200

照明设计要了解火线和零线的区别，火线的对地电压为 220 V；零线的对地电压为零，这是因为它是与大地相连接在一起的，所以当人体的一部分碰到了火线（手触摸到火线），另一部分与大地相接触（脚站在地上），人体这两个部分之间的电压为 220 V，就有触电的危险了。反之，人站在地上用手去触摸零线，就没有触电的危险。注意使用试电笔，以确认是否安全（图 2-42）。

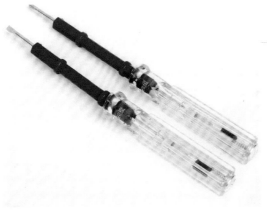

在设计过程中一定要重视接地线的重要性。正确接地可以提高整个电气系统的抗干扰能力，照明导线安装之后还要用试电笔进行检测，确保灯具设备外露的金属构造不带电。

图 2-42　试电笔

2.3 照明电路设计案例解析

照明电路设计多与建筑室内装饰电路融为一体，照明电路图是建筑装饰设计图的重要组成部分，下面介绍两套照明电路设计方案，详细解析照明电路设计方法。

2.3.1 家居住宅照明电路设计

家居住宅照明电路设计大多将照明电路根据房间功能划分，均衡到每个房间的照明用电功率基本接近（图2-43~图2-52）。

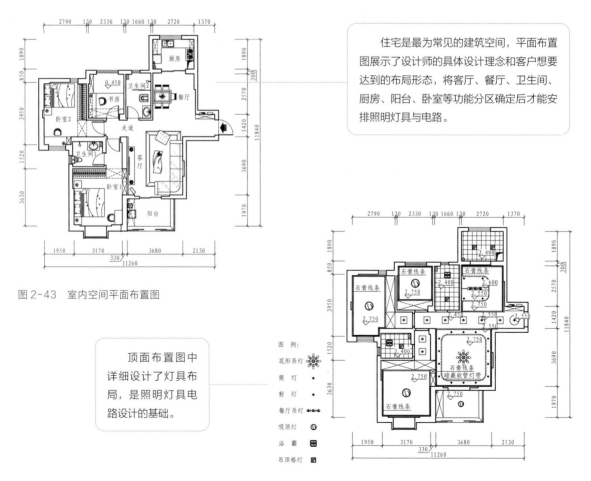

住宅是最为常见的建筑空间，平面布置图展示了设计师的具体设计理念和客户想要达到的布局形态，将客厅、餐厅、卫生间、厨房、阳台、卧室等功能分区确定后才能安排照明灯具与电路。

图2-43 室内空间平面布置图

顶面布置图中详细设计了灯具布局，是照明灯具电路设计的基础。

图 例：
花形吊灯
筒 灯
射 灯
餐厅吊灯
吸顶灯
浴 霸
吊顶格灯

图2-44 室内空间顶面布置图

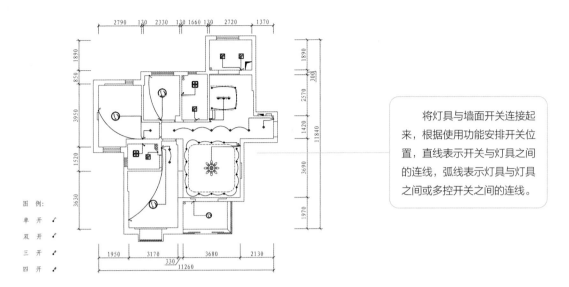

图例:
单 开 ╱
双 开 ╱
三 开 ╱
四 开 ╱

将灯具与墙面开关连接起来,根据使用功能安排开关位置,直线表示开关与灯具之间的连线,弧线表示灯具与灯具之间或多控开关之间的连线。

图 2-45 照明灯具电路布置图

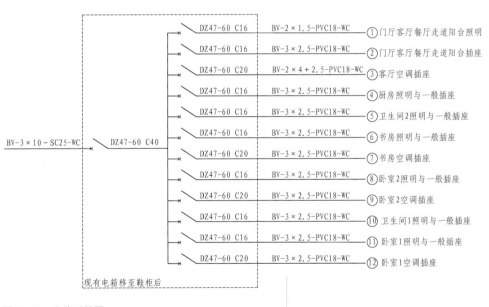

DZ47-60 C16	BV-2×1.5-PVC18-WC	① 门厅客厅餐厅走道阳台照明
DZ47-60 C16	BV-3×2.5-PVC18-WC	② 门厅客厅餐厅走道阳台插座
DZ47-60 C20	BV-2×4+2.5-PVC18-WC	③ 客厅空调插座
DZ47-60 C16	BV-3×2.5-PVC18-WC	④ 厨房照明与一般插座
DZ47-60 C16	BV-3×2.5-PVC18-WC	⑤ 卫生间2照明与一般插座
DZ47-60 C16	BV-3×2.5-PVC18-WC	⑥ 书房照明与一般插座
DZ47-60 C20	BV-3×2.5-PVC18-WC	⑦ 书房空调插座
DZ47-60 C16	BV-3×2.5-PVC18-WC	⑧ 卧室2照明与一般插座
DZ47-60 C20	BV-3×2.5-PVC18-WC	⑨ 卧室2空调插座
DZ47-60 C16	BV-3×2.5-PVC18-WC	⑩ 卫生间1照明与一般插座
DZ47-60 C16	BV-3×2.5-PVC18-WC	⑪ 卧室1照明与一般插座
DZ47-60 C20	BV-3×2.5-PVC18-WC	⑫ 卧室1空调插座

BV-3×10-SC25-WC   DZ47-60 C40

现有电箱移至鞋柜后

图 2-46 电路系统图

BV-3×10 表示引入室内的电线为三根截面面积为 10 mm² 的铜芯电源线,分别为火线、零线、地线;SC25-WC 表示上述电线穿入到 φ25 mm 的镀锌钢管中,线管暗埋在墙体中输入室内;DZ47-60 C40 表示采用的空气开关型号,最大承载电流为 40 A;DZ47-60 C16/C20 表示后续分支空气开关型号,最大承载电流为 16 A/20 A;BV-2×1.5 表示引出的分支回路电线为两根截面面积为 1.5 mm² 的铜芯电源线,分别为火线、零线;PVC18-WC 表示分支回路电线穿入 φ18 mm 的 PVC 管中,线管暗埋在墙体中输入室内各处;最后带圈标号为电路回路的流水编号,后续文字内容为使用部位的名称。

客厅背景墙采用 3000 K 软管灯带（12 W/m），环绕墙体造型。

吊顶周边采用 5000 K 筒灯（3 W/个），吊顶内部暗藏 3500 K 软管灯带（12 W/m），主吊灯采用 5000 K 的 LED 灯泡（21 W/个），形成多级照明效果。

餐厅周边采用 5000 K 筒灯（3 W/个），主吊灯采用 4000 K 的 LED 灯泡（18 W/个）。

图 2-47　客厅背景墙照明

图 2-48　客厅顶面照明

图 2-49　餐厅照明

图 2-50　门厅走道照明

图 2-51　卧室顶面照明

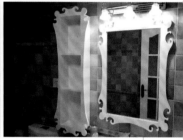

图 2-52　卫生间镜前灯照明

门厅走道采用 5000 K 筒灯照明（3 W/个）。

卧室采用 3500 K 的 LED 灯泡（12 W/个），搭配可变色温的床头灯（12 W/个）。

卫生间镜前采用 5000 K 镜前灯照明（9 W/个）。

2.3.2　办公空间照明电路设计

办公空间照明电路会单独设计回路，在总控制空气开关后的第一个分支回路空气开关即为照明电路，单支照明电路的总功率以不超过 2000 W 为佳，如有超载可另设计其他分支回路（图 2-53 ~ 图 2-59）。

办公空间照明要能活跃企业气氛，提高员工工作积极性，同时也要营造一种舒适感。平面布置图将各功能区划分出来，为照明设计奠定基础。

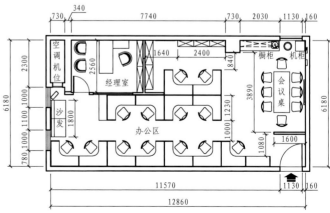

图 2-53　办公空间平面布置图

顶面不设计
吊顶造型，将灯
具吊挂安装，强
化照度，能提升
对工作面的照明
效果。

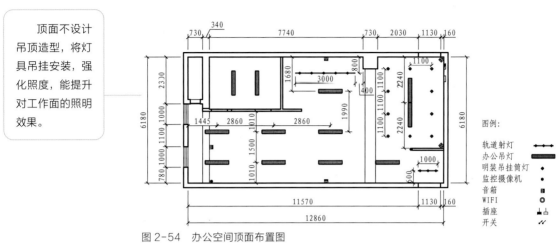

图例：

轨道射灯
办公吊灯
明装吊挂筒灯
监控摄像机
音箱
WIFI
插座
开关

图 2-54　办公空间顶面布置图

由于该方案
的照明电路设计
内容不多，可以
将灯具、开关、
插座、弱电设备
同步设计，一切
以灯具照明电路
为核心。

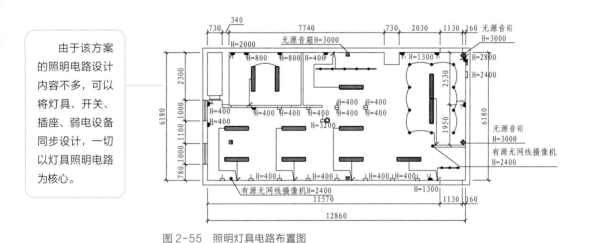

图 2-55　照明灯具电路布置图

BV-3×10-SC25-WC ⊗ DZ47-60 C40

强电箱

DZ47-60 C20	BV-2×1.5-PVC18-WC	① 全局照明与中央WIFI电源
DZ47-60 C20	BV-2×2.5+1.5-PVC18-WC	② 下墙工位明装插座共10个
DZ47-60 C20	BV-2×2.5+1.5-PVC18-WC	③ 中央工位与经理室插座共11个
DZ47-60 C20	BV-2×2.5+1.5-PVC18-WC	④ 会议区其他插座共12个
DZ47-60 C32	BV-2×4+1.5-PVC18-WC	⑤ 4P办公区空调插座
DZ47-60 C20	BV-2×2.5+1.5-PVC18-WC	⑥ 1P经理室空调插座

图 2-56　电路系统图

图 2-57　门厅背景墙照明

门厅背景墙采用 3500 K 轨道射灯（7 W/ 个）。

图 2-58　办公区照明

办公区采用 5000 K 条形灯（18 W/个），平均每 8 ~ 10 m² 分布 1 个。

会议区采用 4000 K 筒灯（12 W/ 个），中央搭配 5000 K 条形灯（18 W/ 个）。

图 2-59　会议区照明

本章小结

　　电路是照明设计的基础，需要结合建筑装饰装修知识，掌握一定电学常识才能进行深化设计。本章所介绍的电学常识与电线敷设规范能帮助大家设计出良好的照明环境。科学布线、科学用电、科学节能是我国照明行业发展的基本目标，掌握牢靠的电路基本功，让设计师真正做到安全、高效的照明设计。

第3章

照明量化计算

重点概念：光通量、照明量、计算公式。

本章导读：照明设计中的光通量计算十分复杂，为了提高照明设计的学习、工作效率，本章通过大量图表列出照明光通量数据，对数据进行套用，能快速计算出照明量。照明量计算是照明设计的基本功（图3-1）。

图 3-1　住宅餐厅照明

住宅餐厅的位置大多数远离外墙窗，日照采光不足，多采用灯光照明。照明需要经过精确计算，桌面与座位处要强化照明，墙面装饰要表现出造型与挂件的体积感，必要时可以增加镜面来增强照明反射。

3.1 照明量数据化

照明量是指工作面高度、水平方向上的照度水平，但对于特定的空间，如画廊、艺术馆等，照明量则是指垂直面上的光照强度，因此不同空间的照明量数据是不同的。

3.1.1 光通量与灯具

选择合适的光通量才能创造更具特色的视觉盛宴。照明设计主要通过灯具来实现照明目的，为了达到更好的照明效果，应当充分了解灯具的光通量。

光通量的单位为流明（lm），在理论上相当于电学单位瓦特（W），灯具的功率不一样，光通量也会有所变化。光通量决定了照明方式（表3-1、图3-2～图3-4）。

表 3-1　常见灯具参考光通量

灯的种类	光通量 / lm	灯的种类	光通量 / lm
60 W 标准白炽灯	900	5 W 射灯	250 ~ 300
18 W 荧光灯	1350	9 W 射灯	450 ~ 720
36 W 荧光灯	2600	15 W 射灯	750 ~ 900
100 W 高压钠灯	9500	1500 W 卤素灯	165 000
100 W 卤素灯	8500	90 W 节能灯	5000

美术馆选用不同功率的轨道射灯作为照明灯具，从而为书画和摄影作品提供不同程度的照明。

图 3-2　美术馆照明

5 W 中性光 LED 射灯

15 W 中性光 LED 壁灯

5 W 中性光 LED 灯带

> 室内空间照明多样，可体现丰富的空间层次效果。在塑造灯光氛围的室内空间，应当选用至少三种灯具相互搭配，形成丰富的照明效果。

图 3-3　室内空间照明

500 W 卤素灯

> 室内篮球馆室内高度为 6.9 m，平均每 10 m^2 设置一盏吊灯，均衡排列布置，形成无影化地面采光。

图 3-4　室内篮球馆照明

3.1.2　照明功率密度

照明功率密度是指在达到规定照度值的情况下，每平方米空间所需要的照明灯具的功率。

照明功率的计算方法如下：

照明功率（W）= 房间面积（m^2）× 照明功率密度（W /m^2）

下面列举一些常见灯具的功率密度值及其适用场所，由于不同空间对照明的功能性需求有所不同，所要达到的光照强度与功率密度值也会不同。在选用照明灯具时可以作为参考（表 3-2）。

表 3-2　常见空间的光照强度与功率密度

场所	图例	光照强度 / lx	荧光灯或 LED 灯的功率密度 / （W/m²）	卤钨灯功率密度 / （W/m²）
公共空间走廊、楼梯		20 ~ 50	1 ~ 2	3 ~ 6
办公区走廊、剧场观众席		50 ~ 100	3 ~ 5	6 ~ 10
建筑门厅、等候厅、商场中庭		100 ~ 200	5 ~ 10	10 ~ 20
办公区、教室、会议室、大型商场		200 ~ 500	10 ~ 25	不推荐
实验室、工作区、体育场		500 ~ 1000	25 ~ 50	不推荐

照明设计中还有其他因素会影响到最终的照明效果。例如，有的照明方法仅适合于具有白色或浅色调的墙面、窗户数量适当的普通空间，当空间墙面为暗色调或空间形态特殊时，再选择同样的照明方式可能会适得其反。

为了更好地营造照明环境，可以降低照明功率密度，使照明环境更顺应人心，更符合大众的需求，也更绿色环保（图3-5、图3-6）。

15 W 暖色光 LED 吊灯

不同风格的餐厅选用的灯具也有所不同，此餐厅设计有木质屏风，为了体现古朴、清新的气息，灯具选用了藤蔓式的灯罩，照明功率也比较小。

图 3-5　与室内风格匹配的灯具

15 W 冷色光 LED 吊灯

艺术吊灯可以很好地增强现代感，餐厅墙面色调偏白，灯具也是以白色为主色的艺术吊灯，整体照明明亮而不刺眼。

图 3-6　环保型灯具

选择高效的灯具是降低照明功率密度最关键的要素，如果难以达到照明功率密度限值，还可以通过降低光照强度来改善。例如，可以将通道和非作业区的光照强度降低到作业面光照强度的30%；装饰性灯具可以按其功率的50%来计算照明功率密度值；适当降低灯具的安装高度来提高灯具照明效果。

3.1.3　空间类型与照度值

空间照度值是指空间内的光照强度，即单位面积上所能接受到的可见光的光通量，主要用于指示光照的强弱与物体表面积被照明的程度。

空间利用系数用英文字母 CU 表示，是指工作面或其他参考面上，被照射面上的光通量与照明灯具发射的光通量之比。例如，悬挂式铝罩灯高度可以调节，CU 取值浮动范围较大（图 3-7）；内嵌式筒灯安装高度较高，光通量较小，CU 取值相对较低（图 3-8）；博物馆要表现出展品的特征，CU 取值较高（图 3-9）；普通住宅室内高度宜为 2.6 m，CU 取值较均衡（图 3-10）。

安装悬挂式铝罩灯的空间高度在 3 m 时，灯具的空间利用系数 CU 取值为 0.45 ~ 0.7。

筒灯类灯具在 2.5 m 左右高度空间使用时，灯具的空间利用系数 CU 取值为 0.4 ~ 0.55。

图 3-7　悬挂式铝罩灯

图 3-8　内嵌式筒灯

图 3-9　博物馆照明

灰尘的累积会导致空间反射效率降低，而博物馆属于比较干净、肃静的场所，灯具的空间利用系数 CU 取值为 0.8。

灯盘在 2.6 m 左右高的空间使用时，空间利用系数 CU 取值为 0.6 ~ 0.75。

图 3-10　灯盘应用

随着照明灯具的老化，灯具光输出能力会降低，即随着光源使用时间的增加，光源会慢慢发生光衰现象。这里列举了不同空间的照度参考值，供照明设计参考（表3-3）。

表3-3　不同空间的照度参考值

大空间	小空间	图例	主要照明区域与功用	照度值 / lx
住宅空间	玄关		镜子	500 ~ 750
			装饰柜	200 ~ 300
			一般活动	100 ~ 150
	客厅		桌面、沙发	200 ~ 300
			一般活动	50 ~ 75
	书房		写作、阅读	600 ~ 800
			一般活动	80 ~ 100
	厨房、餐厅		餐桌、台柜、水洗槽	300 ~ 500
			一般活动	100 ~ 150
	卧室		看书、化妆	500 ~ 750
			一般活动	30 ~ 40
			睡眠	1 ~ 2

大空间	小空间	图例	主要照明区域与功用	照度值 / lx
住宅空间	儿童房		写作业、阅读	500 ~ 800
			玩耍	200 ~ 300
			一般活动	100 ~ 150
	卫生间		一般活动	100 ~ 150
			深夜	2 ~ 3
	走廊、楼梯		一般活动	50 ~ 80
			深夜	3 ~ 5
	车库		清洁、检查	300 ~ 400
			一般活动	50 ~ 80
商业空间	商店公共空间		局部陈列室	1000 ~ 1500
			重点陈列部、结账柜台、电扶梯上下处、包装台	800 ~ 1000
			电扶梯电梯大厅	500 ~ 600
			一般陈列室、洽商室	500 ~ 800
			接待室	200 ~ 300
			化妆室、卫生间、楼梯、走廊	100 ~ 150
			店内一般休息室	80 ~ 100

大空间	小空间	图例	主要照明区域与功用	照度值 / lx
商业空间	日用品店		重点陈列部	800 ~ 1000
			店面重点部分	600 ~ 800
			店内一般区	400 ~ 500
	超市		主陈列室	1500 ~ 2500
			店内一般区	1000 ~ 1500
	百货商场		橱窗重点区、展示部、店内重点陈列部	2000 ~ 3000
			专柜、店内陈列区	1200 ~ 1500
			服装专柜、特价品区	1000 ~ 1200
			低楼层	500 ~ 800
			高楼层	400 ~ 600
	服饰店		橱窗重点区	2000 ~ 2500
			试衣间、精品柜、重点陈列区	1000 ~ 1200
			特别陈列区	800 ~ 1500
	文化用品店		橱窗重点区、店内陈列部	1500 ~ 3000
			商品的重点区	1000 ~ 1500
			室内陈列区、服务专柜	750 ~ 1000

大空间	小空间	图例	主要照明区域与功能	照度值 / lx
商业空间	休闲用品店		室内陈列的重点区、模特表演场、橱窗	800 ~ 1000
			店内一般陈列柜、特别陈列柜、服务专柜	600 ~ 800
			店内其他陈列区	400 ~ 600
	生活品专用店		橱窗重点区	1000 ~ 1500
			展示室	750 ~ 1000
			服务专柜	1000 ~ 1500
	高级专卖店		橱窗重点区	2500 ~ 3000
			店内重点陈列区	1200 ~ 1500
			一般陈列品区	800 ~ 1000
			服装专柜	600 ~ 800
			接待室	300 ~ 400
娱乐、休闲空间	美术馆、博物馆		模型、雕刻（石、金属）区	800 ~ 1200
			大厅	400 ~ 600
			绘画、工艺品、一般陈列品区	200 ~ 300
			标本展示区、收藏室、走廊、楼梯	100 ~ 150

大空间	小空间	图例	主要照明区域与功用	照度值 / lx
娱乐、休闲空间	公共会馆		化妆室、特别展示室	1000 ~ 1500
			图书阅览室、教室	400 ~ 700
			宴会场所、大会议场所、展示会场、集会室、餐厅	300 ~ 500
			礼堂、乐队区、卫生间	150 ~ 200
			结婚礼堂、聚会场、前厅走廊、楼梯	100 ~ 150
			储藏室	50 ~ 80
	酒店、旅馆		前厅柜台	1000 ~ 1500
			行李柜台、洗面镜、停车处、大门、厨房	400 ~ 500
			宴会场所	400 ~ 500
			餐厅	200 ~ 250
			客房、娱乐室、更衣室、走廊	100 ~ 150
			安全灯	5 ~ 10
	公共浴室		柜台、衣物柜、浴室走廊	300 ~ 500
			出入口、更衣室、淋浴间、卫生间	200 ~ 300
			走廊	100 ~ 150
	美容院、理发店		剪发、烫发、染发、化妆区	800 ~ 1000
			修脸、整装、洗发区，前厅叫号台	600 ~ 800
			店内卫生间	200 ~ 300
			走廊、楼梯	100 ~ 150

大空间	小空间	图例	主要照明区域与功用	照度值 / lx
娱乐、休闲空间	餐厅、饮食店		食品柜	1200 ~ 1500
			货物收受台、餐桌、前厅、厨房调理房	500 ~ 600
			正门、休息室、餐室、卫生间	200 ~ 300
			走廊、楼梯	100 ~ 150
	剧院、戏院		售票室、出入口、贩卖店、乐队区	300 ~ 400
			观众席、前厅休息室、卫生间	150 ~ 200
			楼梯、走廊	80 ~ 100
			控制室、放映室	20 ~ 30
			观众席	3 ~ 5

照明小贴士 **光照度测量**

　　照度计主要由光电池和照度显示器这两部分组成，可以用来测量被照面上的光照度，也可以测量同一空间内不同面向的照度值。测量时要注意：如果想要测量桌面的照度，则需要将照度计平放于桌面；若想测量墙面照度，则要将照度计紧贴于墙面。

3.2 照明量计算

照明量计算是成功地完成空间照明设计的基本功，设计师不仅需要具备运用灯光营造环境气氛的审美能力，还要对照明设计进行量化的计算。

3.2.1 照度计算

照度会受到照明灯具品种、安装高度、房间大小、反射率的影响，设计师需要根据照度的基本计算方法迅速得出所需的照度，并将其运用到合适的区域。

照度计算方法：

照度（lx）＝光通量（lm）÷面积（m^2）

空间所需照度（lx）＝光源总光通量（lm）÷空间面积（m^2）÷2

简化照度的计算方法是指用光源的总光通量除以被照明场所的面积，然后再除以2，这样就能得到被照明场所的照度近似值。熟练地掌握这种计算方式能够使照明设计更科学化、数据化，快速计算不同场景下的照度（图3-11～图3-15）。

> 健身房器械室在设置照度值时，参考平面为离地750 mm的水平面。根据面积的不同，照度值也有所不同，照度值区间为300～500 lx。

> 家居卫生间在设置照度值时，参考平面要距离地面750 mm，根据面积的不同，照度值也有所不同，照度值一般为100～150 lx。

图3-11 健身房照度

图3-12 卫生间照度

图3-13 酒店宴会厅照度

> 酒店宴会厅在设置照度值时，参考平面要距离地面750 mm，根据功能需求的不同，照度值也有所不同，照度值区间为400～500 lx。

图 3-14　美容院照度

美容院在设置照度值时,参考平面要距离地面 750 mm,根据面积的不同,照度值也有所不同,照度值区间为 600 ~ 800 lx

图 3-15　理发店照度

理发店在设置照度值时,参考平面要距离地面 750 mm,根据面积的不同,照度值也有所不同,照度值区间为 800 ~ 1000 lx。

即使在同一空间,由于场景的需求不同,照度值也会有所不同,照明设计可以采用调光装置或运用多种组合的形式来达到不同照度。在计算照度时,所得出的数值只能作为参考值,在实际应用中还需要根据空间的规模、形状、装饰材料、设计主题、适用人群等因素进行调整。此外,不同的自然光环境下所呈现的照度值也是不一样的,昼夜变化以及天气的晴雨变化都会对照度值有所影响(图 3-16 ~ 图 3-18)。

在黄昏时分,室内的照度值是 200 lx;在比较黑的夜晚,照度值在 1 ~ 2 lx;在有星光的夜晚,照度值在 2 ~ 3 lx;在有月亮的夜晚,照度值在 3 ~ 4 lx;在月圆夜,照度值在 4 ~ 6 lx。

图 3-16　室外光照环境

晴天室外的照度值在 5000 ~ 10000 lx;阴天室外的照度值在 3000 ~ 5000 lx,室内照度值则在 500 ~ 800 lx。

图 3-17　黄昏光照环境

根据不同自然光环境下的照度值,在设计照明时应当将空间的采光方向、自然朝向、空间高度等与之结合起来,所营造的灯光效果也会更理想。

图 3-18　结合自然光进行照明设计

3.2.2　平均照度计算

平均照度通过以下方法计算，可以获得更精确的结果。

平均照度计算方法：

平均照度(lx) = 单个灯具光通量(lm) × 灯具数量 × 空间利用系数 × 维护系数 ÷ 地板面积(m²)

这种方法适用于室内或体育场的照明计算。

单个灯具光通量（Φ）指的是这个灯具裸光源总光通量的值。空间利用系数是指从照明灯具放射出来的光束有百分之多少到达地板与作业台面上，它与照明灯具的设计、安装高度、房间的大小与反射率相关，如室外体育馆的利用系数为 0.35（图 3-19、图 3-20）。

维护系数（K）会由于空间清洁程度与灯具使用时间的不同而有所不同。一般较清洁的场所，如客厅、卧室、阅读室、医院、高级专卖店、艺术馆等，维护系数为 0.85；普通商店、超市、营业厅、影剧院等场所，维护系数为 0.75；污染指数较大的场所，维护系数为 0.6 左右。

图 3-19　灯具反射光通量与悬挂高度有关　　　　　图 3-20　光通量与空间面积有关

> 空间利用系数的数值变化与灯具的悬挂高度有关，灯具悬挂高度越高，反射的光通量就越多，利用系数也就越高。

> 空间利用系数的数值变化与空间面积形状有关，空间面积越大，越接近于正方形，则直射光通量就越多，利用系数也就越高。

根据灯具在不同空间的空间利用系数可以计算出照度值以及灯具所需的数量，但所有数值并不是一成不变的，空间利用系数可能会随着装饰材料的变化而变化。此外，空间利用系数与墙壁、顶棚及地板的颜色和洁污情况也有关系，墙壁、顶棚等颜色越浅，表面越洁净，反射的光通量越多，利用系数也就越高；灯具的形式、光效和配光曲线也会对空间利用系数产生影响（图 3-21、图 3-22）。

图 3-21　空间利用系数与墙面、顶棚材料有关

图 3-22　空间利用系数与灯具洁净度有关

> 墙面、顶棚材料在符合室内风格的前提下，还需尽量选择色泽较浅、表面质地较光滑的材料，这样也更便于照明设计。

> 灯具在使用期间，光源本身的光效会逐渐降低，灯具会陈旧脏污，被照场所的墙壁和顶棚会有污损，工作面上的光通量也会因此有所减少。

　　空间利用系数的选择还与房间的空间特征系数有关，房间的空间特征系数主要包括顶棚空间特征系数、室内空间特征系数、地板空间特征系数。将房间的空间根据不同的横截面分为三个部分，规定从灯具出口平面到顶棚之间的区域称为顶棚空间；从灯具出口平面到工作面之间的区域为室内空间；从工作面到地面的区域称为地板空间。这三个空间有自己的空间特征系数计算方法。

　　室内空间特征系数（RCR）$= [5 \times hrc \times (L+W)] \div (L \times W)$

　　顶棚空间特征系数（CCR）$= [5 \times hcc \times (L+W)] \div (L \times W) = (hcc \div hrc) \times RCR$

　　地板空间特征系数（FCR）$= [5 \times hfc \times (L+W)] \div (L \times W) = (hfc \div hrc) \times RCR$

　　公式中，hcc 指顶棚空间的高度，hrc 指室内空间的高度，hfc 指地板空间的高度，L 指整个房间的长度，W 指整个房间的宽度，单位均为米（m）。从这三个公式可以看出这三个空间彼此间关系密切，其空间系数的计算方式也相互关联（图 3-23）。

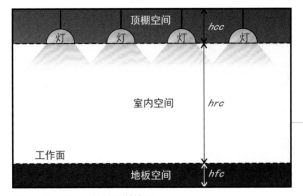

> 图中清晰标明了顶棚空间、室内空间、地板空间的划分区域，灯具在这些区域有不同的反射比，相应的利用系数也会有所不同。在进行照明设计时，首先要明确照射空间的具体空间特征系数值，对于每个空间的照射高度也要有一个确定的标准值。

图 3-23　不同区域的反射情况

3.2.3　光照强度与功率密度值

光照强度是用于指示光照的强弱和物体表面积被照明程度的量，单位为勒克斯（lx）。在室内空间配置灯具时，往往会根据灯具上的功率来选择灯具型号与数量，灯具的功率单位为瓦特（W）。

如前文第 3.1.2 节所述，用房间面积（m²）乘以照明功率密度（W/m²），就获得了灯具的总功率。光照强度与功率密度可以等价，方便计算灯具数量。

如果要在这个房间获得需要的照明水平，可以采用功率密度法，也就是通过照明的功率密度，计算出使用灯具的用电功率（表 3-4）。

表 3-4　常用空间的光照强度与功率密度值

空间	图例	等级	光照强度 / lx	功率密度 /（W/m²）
办公室		普通	400	12
会议厅		普通	300	10
服务大厅		普通	300	10

空间	图例	等级	光照强度 / lx	功率密度 / (W/m²)
走廊		普通	120	4
门厅		普通	90	3
		高档	200	6
电梯厅		普通	90	3
		高档	150	5
楼梯间		普通	60	2
		高档	120	4
卫生间		普通	90	3
		高档	150	5

空间	图例	等级	光照强度 / lx	功率密度 / (W/m²)
配电间		普通	180	6
电梯机房		普通	210	7
公共停车库		普通	90	3
控制室		一般控制室	300	10
		主控制室	480	16

空间	图例	等级	光照强度 / lx	功率密度 / (W/m²)
常规设备机房		普通	90	3
计算机网络中心		普通	420	14
仓库		一般仓库	120	4
		大型仓库	180	6

注：在照明设计中应尽量降低实际照明功率密度，实现环保节能效果。

3.3 照明量计算案例解析

通过对实际案例的计算，可以帮助我们快速了解照明功率密度的计算方法，下面就对案例进行计算分析。

3.3.1 办公室照明计算

设计条件：办公室长 10 m，宽 10 m，平均照度大约为 400 lx，根据表 3-4 可选择功率密度为 12 W/m^2 的荧光灯（32 W 的 T8 条形灯）作为所需要照明的灯具，求办公室内灯具数量是多少。

根据公式可求得：

灯具的总用电功率（W）= 房间面积（m^2）× 照明功率密度（W/m^2）

= 10 m × 10 m × 12 W/m^2

= 1200 W

如果选用 32 W 的 T8 条形灯，则大约需要 38 盏（1200 W÷32 W/ 盏）。

结论：需要 38 盏 32 W 的 T8 条形灯（图 3-24）。

办公区域一般都有计算机，工作台面的照度值一般为 400 lx。

图 3-24 办公室照明

3.3.2 会议厅照明计算

设计条件：会议厅面积是 300 m²，观众座席所需要的照度大约是 300 lx，选择 60 W 或 100 W 的下射灯，根据表 3-4 可选择功率密度为 10 W/m² 的灯具，求会议厅灯具数量是多少。

根据公式可求得：

灯具的总用电功率（W）= 房间面积（m²）× 照明功率密度（W/m²）

= 300 m² × 10 W/m²

= 3000 W

如果选用 60 W 的下射灯，需要 50 盏灯具（3000 W ÷ 60 W/ 盏）。如果选用 100 W 的下射灯，需要 30 盏灯具（3000 W ÷ 100 W/ 盏）。

结论：需要 50 盏 60 W 的下射灯或 30 盏 100 W 的下射灯（图 3-25）。

根据会议厅场地规模的不同，照度值会有所不同，普通会议厅照度值宜为 250 lx，中等会议厅照度值宜为 300 lx，高级会议厅照度值宜为 350 lx。

图 3-25　会议厅照明

3.3.3 住宅照明计算

住宅空间室内净高为 2.6 m 以下，根据表 3-4 进行推断，光照强度一般为 3 ～ 14 W/m²。具体计算分配如下：

（1）外部阳台为 6 ～ 8 W/m²。

（2）卫生间、玄关走道等为 3 ～ 5 W/m²。

（3）卧室、书房为 10 ～ 12 W/m²。

（4）餐厅、客厅为 12 ～ 14 W/m²。

（5）厨房、操作间为 14 W/m²。

下面对餐厅与书房这两处空间进行详细计算，计算结果的理论光照功率与实际功率基本接近即可，±20% 以内属于正常（图 3-26、图 3-27）。

落地灯 1 盏：1 盏 ×25 W/ 盏 =25 W

筒灯 5 盏：5 盏 ×12 W/ 盏 =60 W

软管灯带 1 周：7 m×8 W/m=56 W

主灯 1 盏（10 个灯泡）：10 个 ×18 W/ 个 =180 W

餐厅面积：5.6 m×4.8 m ≈ 27 m²
理论照明功率：27 m² ×12 W/m²=324 W
餐厅实际功率：25 W+60 W+56 W+180 W=321 W

图 3-26　住宅餐厅照明

台灯 1 盏：1 盏 ×25 W/ 盏 =25 W

双联筒灯 3 盏：3 盏 ×24 W/ 盏 =72 W

筒灯 2 盏：2 盏 ×12 W/ 盏 =24 W

图 3-27　住宅书房照明

书房面积：3 m×4 m=12 m²
书房理论光照功率：12 m² ×10 W/m²=120 W
书房实际功率：25 W+72 W+24 W=121 W

本章小结

　　照明能打造五光十色的空间。在设计初期，对照明设计的片面化理解仅能为整体设计提供思路，要达到照明与人融合、与环境融合，就必须要由表及里，统筹全局，以深刻认知照明数据为前提进行照明设计。精确计算出灯具数量与品种，得出准确的灯具数量才能进行后续照明安装施工。

第4章

照明方式

重点概念： 直接照明、间接照明、艺术照明。

本章导读： 照明设计中最常用的两种方式是直接照明与间接照明，能使照明设计满足多元化、艺术化需求。此外，艺术照明也在不断发展，照明已经成为公众能够触及、感受的艺术形式。如果没有创造性思维来设计照明空间，就不可能产生优秀的作品，这些丰富的照明方式能为空间照明增添更多魅力（图 4-1）。

图 4-1 餐厅艺术照明

特色风格的餐厅对照明的设计要求更高，传统吊灯仅作为装饰照明，而不作为主要照明，顶部筒灯、射灯有目的地照射到墙面、家具表面，形成多重反射效果，能提升空间的层次感。

4.1 照明类型

照明设计不仅能够满足视觉功能上的需要，还能使环境空间具有相应的气氛与意境，增强环境的舒适度，选择不同的照明方式，能营造出不同的视觉效果。照明类型主要分为直接照明、半直接照明、间接照明、半间接照明、漫射照明。

4.1.1 直接照明

光线通过灯具射出，其中 90%～100% 的光到达被照射面，这种照明方式为直接照明。直接照明具有强烈的明暗对比，能形成生动有趣的光影效果，可以突出被照射面在整个环境中的主导地位，但是由于亮度较高，要防止产生眩光。如射灯、筒灯、吸顶灯、带镜面反射罩的灯具，在局部照明中，只需小功率灯具即可达到所需的照明要求（图 4-2～图 4-4）。

直接照明是指 90%～100% 的灯具射出的光到达被照射面，光照强度高，照明效果好，照明效率较高。

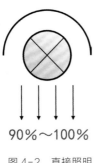

90%～100%

图 4-2 直接照明

远离外墙门窗的室内空间，会采取直接照明来模拟阳光，多采用投射性能较好的筒灯、射灯、吊灯。

图 4-3 公共餐厅直接照明

直接照明可采用呈线状或呈面状的灯带、灯片，将其暗藏在吊顶构造内，灯光从构造中向下直射，形成直接照明。

图 4-4 等候厅直接照明

 **照明小贴士**　　**住宅空间灯具的选择**

选用住宅空间灯具应根据使用者的职业、爱好、生活习惯，并兼顾家居设计风格、家具陈设、施工工艺等多种因素来综合考虑。客厅一般以庄重明亮的吊灯为主要照明灯具，在主要墙面与边角处配置局部射灯或落地灯。餐厅灯具选用外表光洁的玻璃、金属材料的灯罩，能随时擦拭，有利于保洁。卧室可用壁灯、台灯、落地灯等多种灯具联合局部照明，使室内光源层次丰富而光线柔和。书房除配置用于整体照明的吸顶灯外，台灯或落地灯也是必不可少的。厨房、卫生间由于长期遭受油污、水汽侵扰，应采用灯罩密封性较强的吸顶灯或防潮灯。

4.1.2　半直接照明

半直接照明是将半透明材料制成的灯罩罩在光源上部，60%～90%的光线集中射向照射面，10%～40%的光线经半透明灯罩扩散而向上漫射，其光线比较柔和。半直接照明常用于净空较低的室内空间。由于漫射光线能照亮平顶，在视觉上增加房间顶部高度，因而能提高空间感（图4-5～图4-7）。

半直接照明的光照强度高，具有一定的装饰效果，灯具造型变化大。

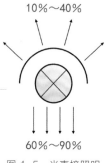

10%～40%

60%～90%

图4-5　半直接照明

图4-6　客厅半直接照明

台灯灯罩以及落地灯的灯罩上部都有开口，这种向上照射的光线可通过天花板反射下来，从而达到半直接照明的目的。

半直接照明适用于对采光要求较高，同时兼顾休闲娱乐效果和需要营造轻松氛围的餐饮空间、会议洽谈空间。

图4-7　办公洽谈区半直接照明

4.1.3　间接照明

间接照明是将光源遮蔽而产生间接光线的照明方式，通常有两种处理方法：一种是将不透明的灯罩装在灯具的下部，光线射向平顶或其他物体上反射成间接光线；另一种是将灯具设在灯槽内，光线从平顶反射到室内成间接光线（图 4-8 ~图 4-10）。

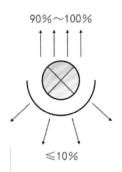

图 4-8　间接照明

图 4-9　会客区间接照明

间接照明是指 90% ~ 100% 的光线通过顶面、墙面等反射后照向被照面，10%以下的光线则直接射向被照射面，光照较弱，具有较强的装饰效果。照明的整体性较好，灯具造型变化大。

间接照明单独使用时，要注意不透明灯罩下部的浓重阴影，通常和其他照明方式配合使用，以便能取得特殊的艺术效果。

图 4-10　商业空间走道间接照明

间接照明适用于对采光要求不高的通道空间，由于间接照明的光线几乎均为反射光线，因此非常柔和，无投影，不刺眼，一般安装在柱子、天花吊顶凹槽处的反射槽。

照明小贴士　**灯具选择注意要点**

选择灯具需要注意地面距顶面的高度，避免灯具对空间造成压迫感；了解各个空间的灯具配置，如客厅的灯具安装高度应当为使用者的手伸直碰不到的距离，卧室使用吸顶灯或半吊灯，灯的高度不宜太低，以免使人产生紧张感；了解最常开灯的功能空间，根据人流量与使用频次来设置灯具。

4.1.4 半间接照明

半间接照明与半直接照明相反，它将半透明的灯罩装在光源下部，这种方式能产生比较特殊的照明效果，使较低矮的房间有增高的感觉，也适用于小空间，如门厅、过道等（图4-11～图4-13）。

半间接照明多指60%以上的光线射向顶面，10%～40%的光线经灯罩向下扩散，光照较弱。

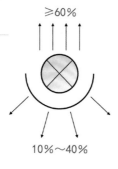

图 4-11　半间接照明

市场上大多数吊灯都会采用半间接照明的方式，光源分布比较均匀，室内顶面无投影，整体空间也会显得更加透亮。

半间接照明适用于对采光要求不高的休闲空间，不仅可以避免灯具带来的压抑感，也能保证空间的基本照明。

图 4-12　餐厅半间接照明

图 4-13　休息室半间接照明

 多种照明形式

可以选择单点壁灯或管状壁灯，将其设计成向上照射的形式，以达到间接照明的目的；可以选择将灯具置于地面，或将光源设计为从下往上照射，以使光线能全面覆盖空间，但要注意避免眩光，可借助绿植来适当遮掩；可以使用落地灯，落地灯设计比较自由，基本不受空间环境限制，适用于更多场景。

4.1.5 漫射照明

漫射照明是利用灯具的反射功能来控制眩光，40%～60%的光线直接投射在被照明物体上，其余的光线经漫射后再照射到物体上，光线向四周扩散漫散，分配均匀柔和。

漫射照明主要有两种形式：一种是光线从灯罩上口射出经平顶反射，两侧从半透明灯罩扩散，下部从格栅扩散；另一种是用半透明灯罩将光源全部封闭而产生漫射，这类照明光线十分柔和，视觉舒适（图4-14～图4-16）。

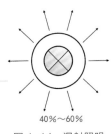

图4-14　漫射照明

漫射照明是指40%～60%的光线直接投射在被照明物体上，照明效果较弱，具有较强的装饰效果，照明的整体性较好。

通常在灯具上设有漫射灯罩，灯罩材料普遍使用乳白色磨砂玻璃或有机玻璃等，可用于门厅玄关或阳台处。

漫射照明适用于对采光要求不高的休息空间局部照明，不会轻易产生眩光，使用效果较好。

图4-15　阳台漫射照明

图4-16　卧室漫射照明

不同的照明方式能使色彩倾向与色彩情感发生变化，适宜的光源能对整个空间的色彩起到重要影响。例如，直接照明可以使空间显得紧凑，而间接照明则显得较为开阔；明亮的灯光使人感觉宽敞，而昏暗的灯光则使人感到狭窄等。不同强度的光线还可使装饰材料的质感发生变化，如粗糙感、细腻感、反射感、光影感等，使空间的形态更为丰富。

总之，直接照明与半直接照明都属于直接照明范畴，用于对采光强度较高的空间，灯具造型相对简单。间接照明、半间接照明和漫射照明都属于间接照明，适用于对采光有多样性、丰富性需求的空间。在照明设计中，直接照明约占30%，间接照明约占70%。目前，更多的环境空间会采用间接照明或以间接照明为主导的照明形式。

4.2 直接照明与间接照明设计

要取得优越的视觉效果，必须深入了解直接照明和间接照明，要从经济性、光效性、设计性、后期发展性等方面全面掌握，为深层次照明设计打下基础。

4.2.1 直接照明的视觉感

在合适的空间使用直接照明，能创造出更具魅力的照明环境。相对于间接照明，直接照明方式较为简单，使用的灯具一般有射灯、筒灯等直接型照明灯具。直接照明一般不会单独使用，而且不一定适合于每一个空间（图4-17～图4-25）。

由于光是通过直线传播的，因此直接照明使用不当会造成眩光，对人眼产生影响，同时光线遇到物体还会产生阴影，在使用直接照明时要控制好光线的照射方向。

图4-17 控制好光线照射方向

设计时可以通过控制灯具的安装高度来对最终的照明效果进行调整，使用悬挂式吊灯作为直接照明的灯具时，要注意安装的高度不宜过低，以免产生重影。

图4-18 注意灯具安装高度

直接照明的光能利用率较高，设计时要注意避免眩光的产生，还可在空间中巧妙运用直接照明与间接照明，以使空间受光均匀，创造一种柔和的视觉氛围。

图 4-19　直接照明光能利用率高

图 4-20　射灯作直接照明灯具

图 4-21　主次分明的照明方式

用射灯作直接照明的灯具时要注意调整射灯的亮度以及照射方向，不要让光线直接照射到观众面部，以免引起视觉不适。

对于空间面积比较小的区域，使用直接照明可能会产生阴影，从而造成不好的视觉效果，不能达到照明目的。

可以选择将直接照明和其他照明方式相结合，这样不仅可以很好地平衡光线，也可防止因某块区域亮度过高而产生眩光问题。

图 4-23　餐区直接照明

在用餐区域，良好的直接照明可以增强食物的美感，既可以营造合适的用餐氛围，又能增强食欲。

图 4-22　直接照明不适用于小空间

图 4-24　咖啡店不使用直接照明

咖啡店的菜单处一般不使用直接照明，以免因亮度过高，导致消费者看不清楚菜单上的内容。

饰品店内展示区为直接照明，射灯的光线在展柜上形成小面积阴影，能有效增强饰品的立体感和质感。

图 4-25　饰品店直接照明

4.2.2　间接照明的视觉感

　　选择好的灯具和反射材料能营造更好的视觉效果。间接照明是将直射光转变成温和扩散光的一种光衰减的照明方式（图4-26、图4-27）。

图4-26　框式空间内运用间接照明

图4-27　住宅空间内运用综合照明

　　在框式空间内使用了非对称间接照明，从而创造出层层递进的感觉，逐步引人入胜，灯光比较简洁，体现出极简的造型风格。

　　住宅空间内选用了合适亮度的直接照明与提高氛围的间接照明，混合的照明形式不仅能有效地提高灯光利用率，而且还能让光线柔和，不刺眼。此外，外部自然光通过门窗玻璃后分散，也能形成比较柔和的间接照明。

1）遮光线

　　要使间接照明达到更好的效果，就必须意识到遮光线的存在。间接照明对光线有较高的要求，直接裸露光源是不正确的，为了遮光而使受光面上出现令人不适的遮光线也是不正确的。为了得到理想的光源效果，要考虑好光源的位置，意识到遮光线的存在，考虑好光源与遮光线之间的相对位置，并考虑照明细部构造的剖面形态（图4-28）。

遮光线

　　酒店客房照明进行了遮光线的处理后，光线直接照射量有效减弱，整体照明环境也趋向一个比较柔和的状态，不会让人感觉不舒服。

图4-28　酒店客房照明

2）受光面

要使间接照明达到柔和、自然、感染力强的效果，必须要注意间隙、粗糙度（质感）、距离（光源与受光面）三大要素，在设计时要注意光源与顶棚之间的距离，以及光源与墙体之间的距离（图4-29 ~ 图4-33）。

图 4-29　受光面与间隙

图 4-30　注重受光面条件

光的扩散效果与间隙有着重要的联系，当间隙不够时，光就容易受到影响，形成强烈的明暗对比，看上去不够自然。可以通过调整间隙大小来营造渐变的光效。

选择无光泽的粗糙面作为装修面才能达到理想的间接照明效果。受光面的条件主要是质感与反射的关系，反射能使视觉效果加倍。

光源距离受光面越远，光的扩散范围就越大，得到的均匀光照越理想。

家具与装修构造表面的粗糙感能打造出柔和的光感。

图 4-31　光源与受光面之间的关系

图 4-32　粗糙的受光面

当光源与圆弧形顶棚边缘的间隙为 0，与墙体的间隙为 50 mm 时，墙面反射的照度为 5600 lx，顶棚反射的照度则为 600 lx。

当光源与圆弧形顶棚边缘的间隙为 0，与墙体的间隙为 200 mm 时，墙面反射的照度为 6300 lx，顶棚反射的照度则为 800 lx。

当光源与圆弧形顶棚边缘的间隙为 150 mm，与墙体的间隙为 50 mm 时，墙面反射的照度为 2000 lx，顶棚反射的照度则为 640 lx。

当光源与圆弧形顶棚边缘的间隙为 150 mm，与墙体的间隙为 200 mm 时，墙面反射的照度为 2200 lx，顶棚反射的亮度则为 680 lx。

当光源与圆弧形顶棚边缘的间隙为 300 mm，与墙体的间隙为 50 mm 时，墙面反射的照度为 1000 lx，顶棚反射的照度则为 520 lx。

当光源与圆弧形顶棚边缘的间隙为 300 mm，与墙体的间隙为 200 mm 时，墙面反射的照度为 1500 lx，顶棚反射的照度则为 540 lx。

当光源与墙体的间隙在 50 mm 时，反射的光线会很集中，给人带来不好的视觉感受，因此一般在运用间接照明时不建议如此设计。

在采用圆弧形天花板发光灯槽照明时，要考虑光源与墙体之间的距离，光源和墙体的间隙应在 200 mm 以上。

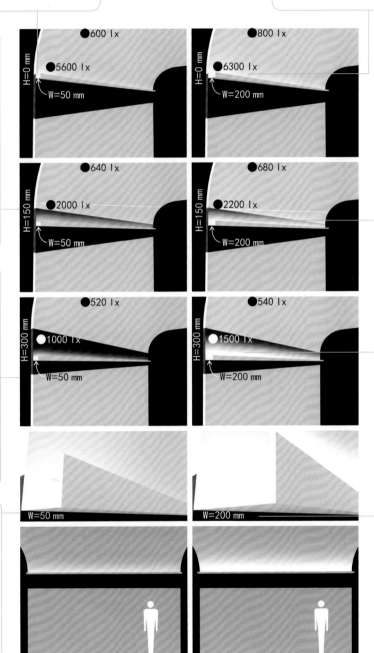

图 4-33　光源与顶棚、墙体

设计间接照明需要注意统一空间，并要注意避免产生眩光，还要注意节能，并提高光能的利用率（图4-34～图4-37）。

图4-34　间接照明要注意空间统一

采用间接照明时要和其他照明方式结合，光色跳跃不宜过大，要注意整体照明的统一性。

图4-35　间接照明要注意避免产生眩光

同一空间内的光线柔和度要一致，光色应该处于一个比较平衡的状态，以免失重，造成重影。

图4-36　间接照明要注意节能

光源采用光效高、光色好、寿命长、安全和性能稳定的电光源，灯具电器附件要采用功耗小、噪声低，对环境和人身无污染影响的。

图4-37　间接照明要能提高光能的利用率

设计间接照明时要注意，光源需排列有序，有了合理的间距才能保证均匀的亮度，这样也能避免浪费能源。

间接照明是一种新颖的照明方式，可以通过增加照明设计中的视觉元素，使室内环境显现出各种气氛和情调，并与室内环境的形、色融为一体，达到理想的艺术效果。但间接照明在创造宜人光环境的同时，也会造成能源浪费，由于间接照明采用反射光线达到照明效果，光能利用率较低，消耗的光能较大，并且要与其他照明方式相结合才能达到设计要求，因此，间接照明只能用于特定的环境空间（图4-38～图4-41）。

图4-38　间接照明灯具

图4-39　间接照明照射材料

间接照明灯具要采用光能利用率高、耐久性好、安全美观的灯具，配电器材和节能调光控制设备要传输率高、使用寿命长、电能损耗低，并且安全可靠。

使用间接照明为空间提供亮度时，建议采用漫射装饰的高反射率材料，能使光线最大限度地照亮空间。

图4-40　间接照明用于墙角

图4-41　间接照明用于娱乐空间

间接照明可用于墙角处的照明，通过墙面的反射可以将光线传向四方，既能为室内装饰画提供补充照明，也能为其增添神秘感。

间接照明可用于娱乐空间的照明，娱乐空间内的彩灯经过墙面和地面反射后，能使整体空间色彩变得比较艳丽，能更好地营造出愉快的氛围。

4.3 艺术照明

　　照明是一种艺术创作。艺术照明是利用灯光所特有的表现力来美化空间，在利用灯光为人们工作、学习、生活提供良好视觉条件的同时，通过灯具的造型及其光色与室内环境的协调，使环境空间具有特定气氛和意境，以体现一定的设计风格。

　　艺术照明将照明艺术化，用艺术的手段将照明环境丰富化，通过将科技与灯光相结合来营造一种光彩绚丽的照明景象。如今艺术照明已经被广泛运用到各个区域，如咖啡店照明、橱窗展柜照明等（图4-42、图4-43）。

图4-42　仿生形艺术照明灯具

图4-43　几何形艺术照明灯具

　　艺术性的照明灯具能很好地达到艺术照明的效果，此处灯具采用了 LED 节能灯，并将其组合成树木枝丫的形状，既具有艺术气息，也具备一定的环保性。

　　在选择艺术照明灯具时，还要考虑到灯具的多功能性与实用性，灯具的灯罩应可以旋转开，很好地进行光照度的调节，提供不同方向的照明。

照明小贴士　**不同空间适合不同色系光源**

　　暖色系给人较强的亲切感，如红色、黄色等，比较适合年轻阶层人群经营的店铺；同色系中，粉红色、鲜红色等色彩比较适用于婴幼儿服饰店或展示华丽产品的高级店铺；冷色系比较有深远感，不适合严寒地区或顶面很高的店铺，以免减弱亲切感。

4.3.1 艺术照明特色

1）因景制宜

多重特色造就耀眼的艺术照明，因景制宜的设计方式是指依据空间的设计主题与所要表达的空间氛围来进行艺术照明设计。照明设计应该具有艺术价值，在设计时要与环境特色、时代背景、历史文脉相结合（图4-44、图4-45）。

图 4-44　因景制宜的表现形式

图 4-45　艺术性照明的观赏性

　　因景制宜的照明方式可以通过灯光文化来描绘、烘托、重构环境主题，展现建筑中灯光艺术的无限魅力。

　　拥有艺术观赏性的照明可以体现一个时代的艺术精神，几何形与仿生形相结合，在间接照明灯光的环绕下，透射出富有奇幻感的光环境。

　 **艺术照明的作用**

　　艺术照明的作用在于营造一种祥和、浪漫的氛围，能够使室内环境呈现出各种不同的气氛和情调，并且与室内环境色彩、形状等融为一体。艺术照明能使室内空间本身成为主体，避免过多、过乱地使用灯具而造成视觉混乱，为丰富空间的造型起到良好的协调作用，同时艺术照明能够将光源隐藏起来，照亮空间而不外露光源，避免产生眩光问题。

2）坚持原创

艺术照明设计的原创性是要给公众全新的视觉体验，而不是造成视觉疲劳。在保持照明空间原有特征的基础上适量隐蔽灯具，明确设计主题，利用艺术性设计来体现空间特色，为空间增添光彩，而不是喧宾夺主（图4-46~图4-49）。

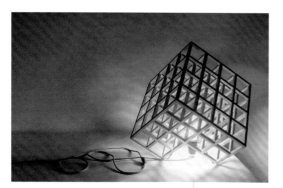

图4-46　艺术照明设计的原创性

艺术照明设计可以通过灯具来展现原创性，设计灵感可以来自生活中的各种物品，但要注意整体设计的形体美感。

图4-47　与其他物品结合体现原创性

灯具的艺术性设计主要体现在：将不同类别的物品相结合呈现不一样的视觉效果。例如，将不同材质、不同色系、不同样式的物品相结合，创造多层次照明效果。

图4-48　艺术照明的空间原创性

图4-49　具备艺术特色的顶部造型

为了体现空间原创性，可充分运用空间原有的设备，将其与灯具结合起来。

在空间的顶部进行造型设计也是艺术照明的一种形式，将灯具安装在吊顶造型中，能与空间其他界面相协调。

3）绿色环保

艺术照明要强调低碳节能，以绿色环保为基础，运用先进的照明器材和智能控制技术，降低照明功率，从而实现高效的灯光运用（图4-50～图4-52）。

分区域选择针对性的照明也是一种节能的方式，既降低了空间的照明功率，也不会使空间显得太过灰暗；同时要注意灯具可随空间需要调整位置，这样能有效提高照明效率。

图 4-50　艺术照明灯具要具备环保性

图 4-51　节能灯具的选用

图 4-52　分区域设计照明

在进行艺术照明设计时可以选用节能型的灯具，烘托气氛的同时兼顾经济、环保性。

LED 灯是现在比较常用的节能灯具，图中灯具选用了 LED 球泡灯，并将其与台灯底座相结合，使整体设计充满艺术美感。

4）舒适设计

艺术照明设计的舒适性在于营造符合人体舒适度的视觉光环境，照明所呈现的效果不会对人眼造成伤害，不会产生眩光。为了保护城市环境，照明设计必须注重环保，防止光污染（图4-53～图4-55）。

设计时要考虑到照明功率的变化，可选用 LED 艺术吊灯，它不仅能创造一种舒适的照明环境，还有比较低的照明功率，整体光线比较柔和，给人舒适的视觉感受。

图 4-53　调整灯具外形

图 4-54　注意避免眩光

图 4-55　选择合适的照明功率

通过调整灯具外形与灯具材料来避免眩光，重新改造传统灯罩是不错的选择。

艺术照明可以绚丽多彩，但不要太过耀眼，以免造成眩光，引起视觉上的不适。

4.3.2　艺术照明功能

　　艺术照明利用光的表现力对建筑空间进行艺术加工，以符合人们心理和生理上的要求，从而使人得到美的享受和心理平衡。优秀的灯光设计，不仅能照亮空间还能创造空间，烘托气氛（图4-56、图4-57）。

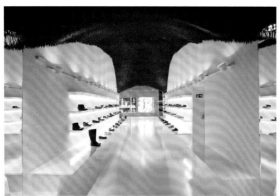

图 4-56　商店艺术照明　　　　　　　　　　　　　　　图 4-57　鞋架艺术照明

　　艺术照明不仅直接影响到室内环境气氛，还会对公众的生理和心理产生影响。此处商店艺术照明以红色墙顶搭配白色的灯光，整体形成对比，增强了公众的购买欲。

　　选用 LED 发光灯管作为鞋架上的照明，与几何形式的鞋架搭配，既有效地将鞋子展示出来，同时也与鞋架形成了有趣的光影，造就了十分巧妙的视觉效果。

1）提升空间品位

　　在现代照明设计中，可通过调整灯光秩序、节奏等手法来增强空间的引导性（图4-58）。

　　通过灯具来控制投光角度和范围，从而建立新的光影构图，以达到增强空间变幻效果的作用；还可通过运用人工光的扬抑、虚实、动静、隐现等来改善空间比例，增加空间层次感，提升空间品位。

图 4-58　艺术照明的趣味光影效果

2）装饰空间艺术

　　灯具的装饰作用与室内空间的形、色、气质有机结合，当灯光投射在室内的装饰结构或装饰材料上时，丰富的光影效果能增加装饰结构或装饰材料美的韵律（图 4-59 ～图 4-61）。

图 4-59　具备装饰性的灯具阴影

富有艺术气息的灯具可以起到很好的装饰作用，例如，餐厅中可选择与碗、茶壶等类似的灯具造型，既能突显出主题，又能很好地彰显空间艺术特色。

图 4-60　光与影结合

将灯光与建筑相结合，达到装饰空间的作用，灯光与被照射物之间的阴影能带来别具一格的视觉效果。

设计艺术照明可选择虚实结合的形式，以生活中常见的事物为设计原型，借用灯光对其进行装饰，既能赋予空间无限的趣味，又能创造更丰富的空间环境。

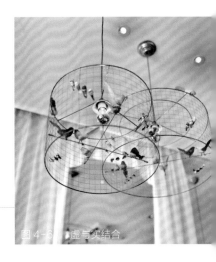

图 4-61　虚与实结合

3）渲染空间气氛

　　合理的灯具造型与灯光色彩能有效地烘托空间气氛，人工光源加上滤色片可以产生各种光色，能营造丰富的效果，提升室内设计格调。室内空间特定的视觉环境色彩，是光色与光照环境下，实体显色效应的总和，必须考虑室内环境中光源与环境的光色互动效果（图4-62～图4-64）。

图 4-62　合理利用暖色调

图 4-63　冷暖色调结合的照明设计

　　暖色调能够表现出温暖、愉悦、华丽的气氛，为了创造更好的空间氛围，可以通过调整灯具的色温来更好地进行艺术照明设计。

　　冷色调能表现清爽、宁静、高雅的格调，可以将冷色调与暖色调有效结合，营造不一样的灯光效果，丰富空间的层次感。

　　空间的氛围可通过灯具以及光色有效地进行调节，所营造的氛围要符合空间设计主题，不同材质的灯具能营造不一样的空间感，设计时要注意选择，如铁艺灯具能带来工业气息的空间氛围感。

图 4-64　空间氛围的营造

4）增强空间立体感

通过光照充分表现出空间的立体感。例如，亮的房间感觉要大一点，暗的房间感觉要小一点；直接光照加强物体的阴影；光与影的对比能加强区域的空间感。在商店设计中，为了突出新产品，可在重点展示区使用亮度较高的重点照明，而相应削弱次要部位的照明，以此获得良好的艺术照明效果（图4-65～图4-71）。

此处为摄影展的照明，由于陈列区的摄影作品是黑白的，为了营造出不一样的质感，选用轨道射灯来作摄影作品的重点照明，陈列墙不仅有摄影作品，还有作品的光影。

图4-65　狭长空间照明

图4-66　特殊造型空间照明

图4-67　不同类型照射物的照明

对于比较狭长的空间，暗藏灯带会是很好的照明灯具，既能使整体空间显得明亮，又能有效增强空间的宽阔感。

带有穹顶的区域本身就具有很强的空间感，设计艺术照明时可在穹顶上方安装发光顶棚，无形的漫射光会使空间更显开阔。

电视柜不与地面相接，离地有一段空隙，这种设计将灯具隐藏放置，让柜体悬浮，从而形成间接照明所投射出的光影，能有效增强空间的立体感。

在进行艺术照明设计时可让墙壁均匀着光。例如，全区域都覆盖有均匀的光照效果，墙壁选择浅色装饰涂物，如白色、浅蓝色或灰色等，以此来增强空间的立体感。

图4-68　照明增强空间立体感

图4-69　电视柜处艺术照明

在空间内四个角落转角处装上壁灯，灯光往上下或左右两边的墙上打光，光线会比较均匀，且能照亮所有边界，空间立体感也能有所增强。

图4-70　壁灯增强空间立体感

图4-71　反射式照明

反射式照明能够很好地增强空间立体感，这种艺术照明方式是指灯具照射天花板，借由反射光照亮空间，同时也将视线引导至顶棚方向，强调空间朝上方延伸的感觉。

4.3.3　艺术照明方式

艺术照明需要将照明方式与特定环境密切结合并融为一体，以便设计出适合各种空间的照明形式。艺术照明要充分理解空间的性质和特点，以营造契合空间性格的艺术氛围。艺术照明可以分为一般照明、任务照明、重点照明和洗墙照明。

1）一般照明

一般照明是指向某一特定区域提供整体照明，也就是环境照明。一般照明是照明设计中最基础的一种方式，它能提供舒适的亮度，以确保人行走的安全性，保障人对物体的识别（图4-72、图4-73）。可以采用壁灯、嵌入式灯具、轨道灯具，甚至可以采用户外灯具。

办公室一般照明可选用嵌入式筒灯和发光灯带，既能有效控制照明功率，也可为基础的行走、交流提供明亮的照明环境。

扣板格栅灯方便更换，办公室还可选用扣板格栅灯作为一般照明灯具，按同等间距设置，使整体光照更加均匀。

图4-72　办公室走道照明

　图4-73　办公室洽谈区照明

2）任务照明

任务照明主要用来完成特定任务，如在书房的书桌上阅读、在洗衣间洗衣、在厨房里烹饪、在客厅看电视等。可以采用嵌入式灯具、轨道灯具、吸顶式灯具、移动式灯具等（图4-74～图4-76）。

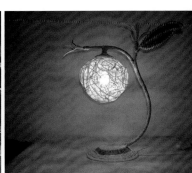

图 4-74　任务照明灯具的选用　　　图 4-75　任务照明光源的选择　　　　　图 4-76　桌面任务照明灯具

任务照明要特别注意避免产生眩光和阴影，要注意对灯具亮度的控制，在达到任务所需亮度的同时，避免太过耀眼导致视觉疲劳。

任务照明能重点表现被照射体，多用于商业橱窗，甜品类的食品橱窗可选择暖色调光源，珠宝类橱窗可选择冷色调光源。

桌面使用任务照明只需要从近距离照射桌面即可，因而即使光照不强，也能得到充分的照度，灯具可选择具备一定艺术造型的灯，光照适合且比较节能。

3）重点照明

重点照明是指对某一物体进行聚光照明，这种方式能突显明暗对比，给空间增加戏剧化效果。重点照明主要用来对绘画、照片、雕塑和其他装饰品进行照明，强调墙面或装饰面的肌理效果。

重点照明可以采用轨道灯具、嵌入式灯具或壁灯，重点照明的中心点所需要的照度应为该区域周边环境照度的 3 倍。重点照明要注意与周边整体照明环境相协调，即使有明暗对比，也要控制好对比度，以免造成视觉不适（图4-77、图4-78）。

厨房照明可选用嵌入式筒灯或灯管为厨房工作台面提供重点照明，能帮助使用者更安全、更便捷地在厨房操作。

轨道射灯可以为摄影作品提供重点照明，光照度适中，可以重点突出摄影作品的主题以及内容。光线可以调节，为观赏者浏览和赏析提供足够的照明。

图 4-77　厨房重点照明　　　　　　图 4-78　轨道射灯作重点照明灯具

4）墙面照明

洗墙照明是让照明灯光像水一样洗过墙面，主要用于面域光效美化，如商业大楼、酒店会所、桥梁码头等，可以用来烘托室内外装饰墙体。墙面照明有三种形式：洗墙、擦墙、内透（图4-79）。

 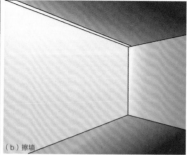 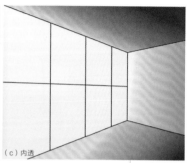

（a）洗墙　　　　　　　　　（b）擦墙　　　　　　　　　（c）内透

图4-79　墙面照明示意

洗墙是指用光如水般把目标对象的墙面洗干净。墙面照得很均匀，适合较为光滑的墙面材料，或是墙面有装饰物，需要均匀照亮，而不希望有强烈的阴影效果。洗墙照明灯具的安装位置要离墙距离稍远。

擦墙的光更强调受光面材质本身的质感。利用平面本身的凹凸纹理制造出独特的光影效果，产生丰富的戏剧性。擦墙将光源安排在离受光面尽量近的地方，擦墙照明灯具的安装位置离墙距离很近。擦墙照明所用的光束角一般较窄，常用密集安装的下照射灯，或是线形灯具。

内透照明是指内部使用灯管或灯带，在墙体表面蒙一层透光膜。也可以直接采用LED显示屏取代灯光。

用于洗墙照明的灯具称为洗墙灯，通过二次配光调整LED光源的双向发光角度，设计投射距离与聚光均匀度，照明功能着重于表现从线到面，立体化地展现墙面的外观效果，从出光效果上来看属于面状光（图4-80～图4-84）。

图4-80　专业洗墙灯

洗墙灯是在条形LED灯的基础上增大照明功率的灯具，用于室外洗墙照明的灯具多为暖色调，能在夜间形成醒目的光照效果。

桥梁建筑洗墙照明的目的在于提示桥梁的存在，保障通行安全，同时能提升城市形象。室外建筑的洗墙照明多为独立的点光源灯具，经过多个独立光源组合后形成洗墙照明效果。

图4-81　桥梁洗墙照明

图 4-82　吊顶灯槽整体墙面照明

图 4-83　局部灯槽墙面照明

　　灯带安装在吊顶内，由于室内空间有限，吊顶灯槽不能设计过宽，否则容易形成眩光，因此吊顶灯槽整体墙面照明的强度很弱。

　　灯带安装在墙体构造中，对局部内凹墙面照明，形成较强的局部灯槽墙面照明效果。

图 4-84　展示墙面照明

　　博物馆中的空间较大，可以采用多角度射灯组合对展示墙面进行照明，墙面照明效果较好。

照明小贴士

灯光的表现方式

　　灯光的表现方式主要包括点光、线光、面光、静止光、流动光等多种。点光指灯具的投光范围小且光线集中在一个方向；线光是将 LED 亮化光源设计布置成长条形的光带；面光是由建筑外墙立面、室内天棚等做成的放光面；静止光是指灯具固定不动，光照静止不变，也不会出现闪烁的灯光；流动光具有丰富的艺术表现力，是舞台灯光和都市霓虹灯广告设计中常用的手段。

LED 屏幕最初用于传递重要的图文信息，如今 LED 屏幕的成本不断下降，也用于内透照明，这种内透照明不仅能表现出灯光照明效果，也能呈现动态画面，甚至随时变换图文信息，适用于商业空间（图4-85）。

> LED 屏幕由众多个发光二极管（LED）组合而成，每个发光二极管为画面中的一个像素，组合后形成完整的图文信息与形象。

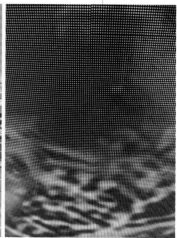

> LED 屏幕由多块 LED 集成电路板拼接而成，可以塑造出一定弧度的造型，适用于圆弧墙面或圆形立柱。

（a）LED 屏幕立柱 　　　　　　（b）LED 屏幕细节

图 4-85　LED 屏幕内透照明

在较小的室内空间，墙面照明灯光可以不必精心设计，墙面涂装与灯光色温较接近的彩色涂料也能达到良好的墙面照明效果（图4-86）。

> 墙面涂刷的橙黄色乳胶漆与灯光色温接近，弱化了灯光集中效应，让整面墙都得到了完全照明，具有墙面照明的视觉效果。

> 母婴室顶面灯光布置简单，并没有刻意为墙面照明而设计。

（a）灯光布置 　　　　　　（b）彩色涂料墙面

图 4-86　母婴室墙面照明

本章小结

建筑空间千变万化，种类丰富，即使是同一空间，不同功能分区也需要不同的照明方式，所要求的最终照度值也会有所不同。设计思路既要来源于生活，又必须高于生活，最终的照明设计作品必须要具备时代特色，同时还需具备个性与科学性，并能长久发展。

第5章

住宅照明设计

重点概念：功能区、漫反射、灯具、光源。

本章导读：家是温暖的港湾，合适的照明氛围能营造出舒适的室内环境。住宅照明设计强调在柔和的光效中注入节能环保理念，灯具设计与装修构造紧密结合。现代住宅空间照明要求既有使用意义，又具备装饰作用（图5-1）。

图 5-1　客厅照明

住宅客厅中除主灯照明外，还需要搭配其他辅助灯具照明，让较大的空间显得充实饱满，台灯或落地灯能弥补角落的照明不足。

5.1 住宅功能区照明设计

5.1.1 玄关照明

玄关是入户的第一个功能分区，区域内放有鞋柜，面积较大的玄关还会放置鱼缸。玄关照明设计追求的是进入室内住宅的第一印象，故而多采用漫射照明或全局照明，以突出玄关重点。玄关照明设计要考虑灯具安装的位置与灯具照度，由于大部分玄关是没有窗户的，因而照明仅仅借助于人工灯光，在设计时要精选灯具的色温，且需充分考虑照明的功能性（图 5-2 ~ 图 5-4）。

图 5-2　玄关灯具选择

玄关照明要求明亮而不刺眼，灯具可以考虑安置在入户处和深入室内的交界处，这样可有效避免在脸上出现阴影。此外，还可将灯具安置在玄关内的鞋柜或墙上，这样能使玄关更显宽阔。

玄关采用漫反射照明时可将灯具安装在墙面上，用以照射局部墙面或是某个装饰物件，还可选择造型美观的吊灯，利用灯具对光进行漫反射，以此达到照亮并装饰室内空间的目的。

图 5-3　玄关漫反射照明

在玄关处安装人体感应灯具以便于日常使用，选择筒灯或轨道射灯来加强收纳或艺术品展示区的局部照明，形成焦点聚射，达到引人注目的视觉效果。

图 5-4　玄关照明要考虑功能性

5.1.2 客厅照明

客厅是人流量较多的功能分区，不同的活动又有不同的照明要求。交流与洽谈活动可以选择一般照明，阅读和工作可以选择任务照明，客厅展示艺术品则可以选择重点照明来突出艺术品的风格特色（图5-5、图5-6）。

图 5-5 客厅组合式照明

图 5-6 客厅植物照明

　　将各种灯光配合使用可以满足不同室内活动需求，客厅的照明可充分利用间接照明制造柔和的光线。应当结合室内结构，善用落地灯与射灯等进行局部照明，为客厅营造出更具魅力的光影层次。

　　对于客厅中的植物，除采用顶面照明外，还可以采用背光照明，以产生戏剧化的剪影照明效果，但应注意不要产生眩光。

不同大小的客厅所需的照度也不一样，一般客厅都具备采光通道，白天依靠自然采光，夜晚主要依靠灯光来营造客厅的照明，选择色温为 3000 ~ 4500 K 的灯具，既能保持客厅的清爽和通透，又不会造成眩光（图5-7、图5-8）。

图 5-7 客厅照明要具备设计感

图 5-8 净高较高客厅的照明

　　在客厅中可以设置造型独特、灯光柔和的落地灯，能使客厅显得更有现代感和设计感。

　　对于空间较大且净高较高，设计又比较复杂的吊顶客厅，除去一般照明灯具外，还可选择壁灯、台灯、射灯等对客厅边角进行辅助照明。

5.1.3　餐厅照明

进行餐厅照明设计需要注意艺术性和功能性的统一，应该将一般照明、任务照明、重点照明互相结合以满足就餐等活动需求。灯具的选择也需要根据功能进行安排，如对于正餐、聚会、家务等活动，往往首选是吊灯，以满足餐厅中所需要的水平照度。

吊灯安装在餐桌正上方，既能提供足够照度，又能作为装饰组件，提升整体装修的美感。墙壁灯具是餐厅照明的配角，可以采用壁灯来对墙面材质进行单独表现，也可以沿墙安装嵌入式筒灯强调展品。餐厅照明光源应选用显色性较好、向下照射的灯具，以暖色调灯光为宜，能起到增进食欲的功效，切记使用冷色调灯光（图 5-9 ~ 图 5-11）。

图 5-9　光线柔和的餐厅照明

图 5-10　餐厅照明亮度的选择

餐厅选用带有玻璃灯罩的艺术吊灯，能为就餐环境提供足够的亮度，同时也提升了餐厅的美感，光线通过玻璃灯罩反射会比较柔和。

餐厅中的亮度不需要太高，由于主要活动是用餐，因此照明以强化桌面食物为主要功能。

图 5-11　餐厅灯具的选择

餐厅特别讲究氛围，照明要能突显食物魅力，同时所选的灯具要能与餐桌、餐具的色彩相协调。餐厅要能营造一种温暖、舒适的气氛，展现食物诱人的魅力，增强用餐欲望。

 **照明小贴士** **照明营造餐厅氛围**

为了提升餐厅情调，多选择色温适中，能够展现食物最佳色泽的暖色调光源，色温以3200 K 左右为主。此外，餐厅照明还需避免灯光直射，多使用轨道灯或光线柔和的艺术吊灯，以免产生眩光。

5.1.4 卧室照明

卧室照明需要营造宁静休闲的氛围，同时需用有局部明亮的灯光来满足阅读和其他活动需求。卧室多采用一般照明和重点照明相结合的方式进行灯光布置（图 5-12、图 5-13）。

图 5-12 卧室内的重点照明

卧室床两侧设有台灯，台灯光线从灯罩的缝隙中投射出来，比较柔和；床头上方还设有内嵌式筒灯，为床头上方的装饰画提供了重点照明。

图 5-13 局部照明和一般照明

卧室在床的两边设有艺术壁灯，吊顶处的灯带为卧室提供了一般照明，内嵌式的筒灯和立灯为卧室其他区域提供了局部照明。

卧室可充分利用自然采光，并将其与人工采光相结合，还要考虑窗户的大小、位置、阳光直射方位等对采光的影响。卧室中的照明光线不宜太强，色温应当控制在 3200 ~ 4000 K，要调节好不同照明方式之间的关系。卧室的照明宜考虑多功能需求，灯光不宜过亮，以暖色调光为主，太过强烈的光线不仅影响人的视力，也会使神经系统过于兴奋，导致失眠（图 5-14、图 5-15）。

图 5-14 照明要避免眩光　　　图 5-15 照明要考虑安全性

空间宽敞的卧室，可以在床头柜下方设置层板灯，以便能照射到地板附近的地面和墙壁，这样也能保证夜间起床行走的安全性。

要避免眩光，应当在卧室多采用间接照明，可在家具中设置暗藏灯带，配合台灯，通过将光线反射的形式来获取所需的柔和灯光。

5.1.5　书房照明

书房书桌与书架为一个整体，书桌上方设置 LED 灯，既能为阅读和书写提供照明，又节省了空间。

书房照明需要营造柔和的氛围，要避免产生强烈的对比和干扰性眩光，同样还需要重点照明来满足阅读、书写的需求，并考虑给奖品和照片等有纪念意义的物品一些重点照明（图5-16）。

书桌配置可调节的台灯，能给桌面和电脑键盘区域提供额外照明。注意灯光不能直接照射计算机屏幕，避免反射眩光和产生阴影。放置台灯照明应考虑左、右手的操作习惯，即将灯具放置在书写手的另一侧，如右手书写，就应将灯光放置在人的左侧。书房的挂画及装饰物应有局部重点照明，灯具一般选用嵌入式可调方向的射灯或轨道射灯（图5-17、图5-18）。

图 5-16 书房照明

书房内的灯具应避免安装在座位后方，以免使阴影加大，影响视觉效果。可以在顶棚安装均匀排列的一字形灯具或内嵌式灯具，或安装造型简单的吸顶灯，这样既能保证基本照明，又能有效避免眩光。

图 5-17 灯具要选择正确的安装位置

图 5-18　照明需烘托书房气氛

书房照明可以选择设置小型立式台灯来增强书房的文学氛围。

5.1.6　厨房照明

　　厨房是住宅空间内的重要工作区域，照明设计主要考虑功能性，厨房的照度比其他区域要求高。在厨房单一使用顶面灯具会造成人影，可在局部加装重点照明作为补充。例如，在洗涤处和案板上方的吊柜下采用一套单独带有外罩的 T5 日光灯，可为厨房提供充足的重点照明（图 5-19 ～图 5-22）。

图 5-19　无窗厨房照明

图 5-20　有窗厨房照明

　　对于无窗厨房，考虑到厨房油烟、水汽较大的特点，结合现在常用的铝扣板吊顶，可采用嵌入式防雾筒灯或吸顶灯，能方便清洁并延长灯具使用寿命。

　　厨房内的抽油烟机都会单独配备照明设备，因此在灶台处可不加装照明灯具，但在切菜区仍需设置重点照明灯具。

图 5-21　厨房灯具的选择

　　厨房应选择易清洁的灯具，例如，由玻璃或铝制品制作的灯具，且应与餐厅光源的显色性一致或相似。

图 5-22　厨房灯具应以白光为主

　　厨房内的大部分活动必须长时间集中精力，应当选择以白光为主的灯具，既能提供充足的亮度，也能使厨房显得干净、明亮。

5.1.7　卫生间照明

　　卫生间是洗发、化妆、洗澡等活动的区域，因此需要柔和、无阴影的照明，并注意防潮。面积小的浴室可利用镜前灯通过镜面反射光来照亮整个空间。面积大的浴室可依靠顶面灯具来提供照明（图 5-23、图 5-24）。

图 5-23　卫生间镜前灯照明

　　卫生间的镜前灯采用左右对称的灯光进行照明，这样能保证使用者面庞左右光线均匀。

图 5-24　卫生间防雾灯具

　　卫生间灯具要注意防潮，多采用带有灯罩的防雾灯具，光源应具有良好的显色性，色温要求为 2800 ～ 3500 K。

在布置镜前灯时，应当保持灯具的高度在视平线位置，以减少因眼睫毛、鼻子等产生的阴影。在淋浴处和浴缸的上方采用取暖光源（浴霸），既能照明，又能取暖。照明灯具需具备一定的防水性和相当高的安全性（图 5-25、图 5-26）。

图 5-25　大卫生间的照明

图 5-26　照明满足化妆需要

空间较大的卫生间可以选择多种灯光搭配，例如，可以选择壁灯搭配射灯，也可选择在镜框内或镜子下方设置光源，以满足不同照明需求。

卫生间内可能会有化妆活动，因此还需选择显色指数较高的灯具，如暖色系的 LED 壁灯等。

5.1.8　楼梯、走廊照明

楼梯多出现在复式住宅中，楼梯照明与走廊照明都需要具备比较高的亮度，而狭长的走廊和宽阔的走廊对照明的要求又会有所不同（图 5-27 ~ 图 5-30）。

图 5-27　楼梯地脚灯

楼梯可以设置阶梯状灯光，可在台阶处设置地脚灯，这种线性灯光能增强空间的装饰效果，同时也能达到安全照明的目的。

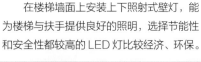

在楼梯墙面上安装上下照射式壁灯，能为楼梯与扶手提供良好的照明，选择节能性和安全性都较高的 LED 灯比较经济、环保。

图 5-28　楼梯壁灯

图 5-29 走廊简洁照明

住宅空间的走廊照明不可太过复杂,一般以吸顶灯、内嵌式灯具或造型简单的吊灯为主。

图 5-30 走廊吊灯照明

设计住宅空间的走廊照明时,要考虑到吊灯设置的高度和灯具的亮度,如在净高较高的空间设置吊灯时要使灯具下端距地面 1900 mm 以上。

5.2　照明设计细节

照明设计要考虑方方面面，细节决定照明质量的好坏，设计应统筹全局。

5.2.1　选择合适灯具

不同的灯具产生的阴影与视觉效果会有所不同，要依据不同空间结构、设计风格来选择不同的灯具，而为了更好地突显墙面质感，可视情况选择射灯、壁灯、内嵌式灯具等，并以直接照明或间接照明的方式来达到照明效果（图5-31、图5-32）。

要得到更均匀的照度，设计时应该避免选择具有反光效果的面材，而以亚光面材为宜。

图5-31　注意墙面材质与照明之间的关系

墙面的色彩会影响灯光呈现的效果，发光顶棚的照明效果均匀，但若是亮面或浅色墙面则会产生反光，而深色墙面具有比较强的吸光性，因此要依据墙面色彩调整灯光的亮度。

图5-32　注意墙面色彩与灯光之间的关系

5.2.2　确保照明安全性

住宅照明的安全性主要表现在用电安全与灯具工作温度方面，设计时应当确保安装的灯具与电压匹配。灯具安装过密容易导致灯具工作温度过高，设计时必须控制好两盏灯具之间的距离，以免灯具内温度过高，影响使用寿命（图5-33）。

照明设计时需保证灯具与热源之间的安全距离，一般距离至少 1000 mm，灯具周围不可设置易燃物品，不可将纸张直接覆盖于灯具上，以免灯具过热导致火灾。

图 5-33　照明的安全性

5.2.3　照明增强空间感

除了通过软装陈设达到扩大空间的视觉效果，也能通过照明设计扩大住宅的空间感。例如，搭配光洁的墙面材质使墙面有灯光的反射效果，利用光感来达到放大空间的目的。尤其是面积较小的空间，更需要照明来驱散黑暗，缓解因空间压抑带来的局促感（图5-34）。

设计浅色墙面，并安装多处台灯与立柱灯使空间能均匀着光，在空间内安装筒灯，这些照明方式都能增强空间感。

图 5-34　照明营造的空间感

5.2.4　儿童房照明特殊处理

儿童房照明尤其要考虑安全性，不仅包括照明用电安全，还包括灯光效果的安全性，照明设计时可从灯具本身材质、防护设计等方面与周边环境统筹考虑（图5-35～图5-38）。

儿童房灯具的灯罩与灯身都应该选择不易碎裂的材质，以免灯具摔落碎裂，碎片割伤儿童。

针对4～5岁的儿童，安装灯具时应该保持安全距离，以避免儿童直接触碰到灯具带电部分。

图5-35　灯具灯罩的选择

图5-36　灯具安全距离

图5-37　照明灯具造型设计

图5-38　照明灯具要避开易燃物

儿童房灯具要具有一定趣味性，可以是动物、云彩等造型，桌面灯具灯身不可有锐利边角，以免割伤儿童。

儿童房内的灯具应远离毛绒玩具、抱枕、纸张等，以免因灯具过热导致火灾。

5.3 住宅照明案例解析

住宅照明案例十分丰富，下面列举一些具有创意的案例，分析住宅照明灯具的搭配。

5.3.1 白色与光结合

白色的色彩倾向性变化丰富，能随着照明与采光的变化而变化，主灯可选用显色性较好的灯具，色温以 4500 ~ 5500 K 为宜（图 5-39 ~ 图 5-41）。

亚克力、金属材质吊灯
（55 W/4500 K）

瓷质灯体材质吊灯
（80 W/5000 K）

客厅和餐厅整体墙面均为素净的白色，白色的鹿角吊灯和圆筒吊灯为客餐厅提供了舒适的照度，同时鹿角吊灯与墙面麋鹿装饰画相搭配，圆筒吊灯的灯光则照射于光滑的桌面，正好映衬出红花绿叶的光影，整体空间十分协调。

图 5-39　造型吊灯增添艺术感

亚克力材质吸顶灯（30 W/5000 K）

玻璃、金属材质壁灯（11 W/3500 K）

卧室主灯选用吸顶灯，既保证照明，又缓解屋顶过低带来的压抑感。床头旁的金属壁灯为晚间阅读提供了合适的照度，裸露在外的灯泡赋予卧室一定的设计感，空间氛围既能助眠，也不会显得过于单调。

图 5-40　主次分明的灯光营造舒适气氛

5.3.2　创意改变生活

选择一些造型具有创意的灯具能为空间增添设计感，营造个性化的生活空间（图5-42～图5-45）。

玻璃材质吊灯（60 W/4500 K）

玻璃材质吊灯（27 W/3500 K）

图5-42　玻璃主灯营造和谐的会客区

图5-43　"8"字形吊灯营造趣味感

全透明玻璃主灯的照射范围囊括四面八方，下射的光线经过上部光滑的烤漆玻璃反射，使得整个会客区明亮而又舒适。

"8"字形全透明吊灯造型创意十足，两个吊灯对称分布于餐桌两侧，既为用餐提供照明，也能有效烘托气氛。

金属、布料材质台灯（11 W/3500 K）
原木、亚克力、铁丝材质吊灯（27 W/5000 K）

原木、布料材质灯箱（25 W/4800 K）

图5-44　台灯和吊灯结合

图5-45　灯具与空间结构结合

木质灯罩遮挡了吊灯的部分光亮，使其照度能够符合卧室要求，布艺台灯为晚间阅读提供了补充照明。

内嵌式灯具设置于书房横梁下，有效提高了空间利用率，内嵌式灯具外罩长方形灯罩，避免了眩光的产生，灯罩彩色的流光也为书房增色不少。

5.3.3 多样性与统一性

家具与室内空间格调可以统一，但要在灯具上表现出多样性，打破空间的单调（图 5-46 ~ 图 5-49）。

铝质内嵌式射灯（10 W/3800 K）

亚克力、铁质萤火虫树枝吊灯（35 W/3600 K）

图 5-46　自由光线氛围

图 5-47　艺术照明灯具

金属材质壁灯（18 W/4000 K）

内嵌式射灯照射的光线比较自由，足够的照度十分适用于小型客厅，既能使空间明亮，也不会因太过耀眼而使人不适。

萤火虫树枝吊灯为卧室的观赏度加分不少，床头背景墙的层板灯和金属壁灯横纵相对，实用又大方。

亚克力、铁质吊灯（33 W/4000 K）

玻璃材质 T5 灯管（10 W/5500 K）

图 5-48　吊灯高度合适

图 5-49　卫生间层板灯

小餐厅所需的照度不是很高，悬挂型吊灯无疑是最佳的选择，吊灯与餐桌之间的高度间距恰当、得体，营造出更加舒适的用餐环境。

卫生间储物层板下方设置的层板灯为日常洗漱活动提供了便利，梳妆镜上方设置的金属壁灯方便洗漱后的化妆工作。

5.3.4 照明组合设计

多种灯具的组合，根据照明需求设计位置，满足不同区域与行为活动（图 5-50 ～图 5-54）。

铝质吊灯（30 W/4000 K）

铝质筒灯（10 W/4500 K）

金属材质壁灯（27 W/4500 K）

图 5-50　多种灯具照明

图 5-51　阅读组合照明

玻璃材质 T5 灯管（10 W/5500 K）

有序排列于白色顶棚的内嵌式灯具、白色的吊灯和黑色的金属壁灯，看似杂乱却又十分和谐地搭配在一起，显得空间越发开阔、明亮。

暖色系的层板灯搭配散发着柔和光线的金属壁灯，阅读、工作轻松愉快，顶棚的内嵌式灯具也为书架上的艺术陈设品提供了专属照明。

玻璃材质 T5 灯管（10 W/3500 K）

金属、亚克力材质壁灯（27 W/3500 K）

酒柜的层板灯依据照射对象的不同设计了不同的色温，吧台上的壁灯也很好地渲染了气氛。

图 5-52　突出重点

玻璃、金属材质壁灯（15 W/4500 K）　　　铝质内嵌式筒灯（18 W/5000 K）

图 5-53　控制合适照度　　　　　　　　图 5-54　厨房重点照明

　　层板灯和内嵌式灯具的结合为卫生间的照明提供了合适的照度，墙边的壁灯光线柔和而美好，让人放松下来，只待洗漱后进入香甜的梦乡。

　　在厨房备料区和烹饪区使用内嵌式灯具作为重点照明的灯具，一方面可节省空间，另一方面内嵌式灯具的光能利用率比较高，适合在小厨房内使用。

5.3.5 照度表现艺术感

住宅室内空间的照度不宜过高，较柔和的照明能表现丰富的艺术感（图5-55～图5-58）。

金属、布料材质落地灯（27 W/4500 K）

铝质机械臂台灯（27 W/4500 K）

玻璃材质吊灯（55 W/3500 K）

图5-55　灯光突显材质特色

图5-56　多功能台灯

吊顶上的内嵌式灯具射向墙体两侧，空间内的家具被灯光包围，棉麻沙发、皮质躺椅、木质茶几等，显得很有质感。落地灯和艺术吊灯则为空间带来无限的美感和艺术感。

机械臂台灯可以调节照射高度和照射方向，为书写和阅读提供多变和合适的照明，同时，台灯采用的护眼光源不会轻易令人产生视觉疲劳。

铝质内嵌式灯具（10 W/3500 K）

PVC材质内嵌式顶棚灯（48 W/5000 K）

图5-57　自然光与人工光的高效结合

图5-58　厨房主灯居中

书房拥有满墙的窗户，自然采光充足，不占据空间的内嵌式灯具是照明首选，合适的间距使得内嵌式灯具充分发挥自身的照明作用，窗外的自然光也为整个空间的照明提供了不少助力。

内嵌式顶棚灯作为厨房主灯，是整个厨房的中心光源，它为厨房内的一切活动提供了基础照明，同时光线不会太刺眼，不会轻易产生眩光。

5.3.6 射灯为空间增彩

射灯能形成丰富的聚光光斑，投射到墙面后能提升空间的装饰效果，形成新的装饰造型（图5-59～图5-62）。

铝质轨道射灯（27 W/4500 K）

金属材质吊灯（18 W/4000 K）

铝质照明器具：筒灯（10 W/5000 K）

玻璃材质 T5 灯管（10 W/4000 K）

图 5-59　明亮的客厅带来美好的享受

射灯带来自由的光线，同时筒灯起到补充照明的作用，结合窗外洋洋洒洒的春光，更能够突显客厅的大气与亮堂，给予使用者舒适的感受。

图 5-60　暖光带来更舒适的睡眠体验

对于小卧室而言，灯光不需要太亮，无论是双人床右侧的立灯还是左侧的吊灯，抑或是床板上方的层板灯，均是以暖光为主的，舒适而自然。

铝质内嵌式射灯（10 W/3500 K）

金属材质吊灯（48 W/4000 K）

金属材质台灯（27 W/3500 K）

图 5-61　射灯为学习和工作提供合适的照度

书桌置于窗旁，阳光可以很好地照射进来，白天的照明已无须担心；晚上书房内嵌式的射灯和桌面的艺术台灯则可双重照明。

图 5-62　艺术吊灯增强用餐氛围

裸露的灯泡和金属支架的结合带来浓浓的工业感，明亮、节能的 LED 灯照亮餐厅的每一处细节，光影与桌面的交融也使得用餐氛围更显融洽。

5.3.7 合理布置光源

室内光源应当分配均衡，合理设计灯具之间的间距（图 5-63 ～图 5-67）。

铝、玻璃材质双联筒灯（26 W/3500 K）

玻璃材质 T5 灯管（10 W/4000 K）

铁质立灯（55 W/4000 K）

玻璃材质吊灯（18 W/3500 K）

图 5-63　顶棚筒灯等距排列

图 5-64　磨砂玻璃与灯具相互映衬

顶棚每隔 150 ～ 200 mm 设置对称的四个内嵌式灯具，沙发旁曲线造型的落地灯具备浓郁的设计感，在为客厅提供照明的同时也能增强整个客厅的观赏性。

卧室地面铺设木地板，床两边铺贴高为 550 mm 的木板，木板上方的层板灯与顶棚的层板灯相对，光线柔和而不失明亮感。床头上方的两盏吊灯垂挂于磨砂玻璃上，灯光经过玻璃反射，返还给卧室更适合睡眠的光线。

玻璃材质 T5 灯管（10 W/4000 K）

卫生间外部顶棚的层板灯采用下照模式，配合走廊上方顶棚的内嵌式灯具，明亮的照明为夜间行走提供安全保障，同时，柔和的灯光缓解了视觉压力，这是更适合狭长走廊的照明方式。

图 5-65　走廊照明

金属材质吊灯（21 W/3500 K）　　　　铝质壁挂射灯（15 W/3800 K）

餐厅吊灯采用光滑、反光的金属外罩，餐桌桌脚和餐椅同样为金属色，地面瓷砖的色系也属于深色系，三者在色彩上协调、统一，当吊灯开启时，必定会带来满满的科技感。

图 5-66　灯具与家具协调　　　　图 5-67　阳台点光源

黑色、白色、灰色的经典搭配使得阳台工作间更具特色。射灯在多个方向为阳台工作提供了充分的照明。

5.3.8　根据面积选择照度

住宅室内空间的照度要与面积对应，经过预先计算后再设计灯具数量（图 5-68 ~ 图 5-70）。

铝质内嵌式灯具（10 W/4000 K）　　　玻璃、布料材质台灯（27 W/3500 K）

分布均匀的内嵌式灯具在宏观上给予空间明亮的照度，在微观上又会有所改变。内嵌式灯具四射的光线相互交融，照射在墙面、地面上，经过玻璃、金属等材质反射使光线得到升华，从而创造出更优越的照明环境。

图 5-68 点光源分布均匀

玻璃、布料材质台灯（27 W/3500 K）

铝质明装筒灯（18 W/3500 K）

玻璃材质 T5 灯管（10 W/3500 K）

图 5-69　大卧室总会选择更多的光源

图 5-70　小空间的灯光要避免眩光

面积较大的卧室为了保证活动的安全性，通常会选择组合光源，卧室内有三盏上下照射的台灯，光线不会轻易产生眩光，适合夜间使用，同时顶部还设置有内嵌式灯具和层板灯，保证充分的照明。

榻榻米式书房净高较低，面积较小，本身不适合选择吊灯等悬挂式灯具，节能的 LED 层板灯可以成为其选择的对象，但必须要选择好照度，否则极易产生眩光，影响使用体验。

本章小结

住宅照明应当按功能分区进行设计，每个空间所需的照度是不同的，客厅、走道照度较低，室内照明的色温大部分以暖色调为主，卫生间、厨房则以冷色调为主，暖色调为辅。照明还需结合居住者的个性需求，以便能有效突显照明设计氛围。

第**6**章

文化空间照明设计

重点概念： 工作区、展示、色温、照度、信息传达。

本章导读： 文化空间主要包括办公室、博物馆、书店等空间，这里的照明设计要以人为本，以物为本，照明要保护人的视力，灯光不可太过刺眼，区域内的灯光还要能强调展示陈列的物品。办公室多为白天使用，以自然采光为主，博物馆照明更多会采用人工照明，书店照明可将两者相结合。设计时要充分了解区域内部空间结构，结合照明对象选择恰当的照明方式（图6-1）。

图 6-1　书店展示照明

　　图书展示主要在于封面与体积感，通常以集中性灯光照明为主，重点照明图书表面形态，形成棱角分明的体积感，每个局部空间都要有照明指向。

6.1 办公照明

6.1.1 分区重点照明

　　办公空间要为职员提供简洁、明亮的工作环境，满足办公、交流、思考、会议等活动需求。办公照明可选择一般照明与重点照明相结合的方式，注意不可将灯具布置于工作位置的正前方，以免产生阴影和眩光，影响工作。具体功能分区的照明设计细节可见表6-1。

表 6-1　功能分区照明设计

办公空间	图例	功能	照明设计细节
前台		迎宾，突显企业魅力与文化内涵	结合企业文化和定位进行设计，配备较高的亮度，选择筒灯作为基础照明，利用翻转式射灯或轨道射灯对前台形象墙与企业标志重点照明，突出企业形象
集体办公区域		日常办公、沟通、会议	统一间距布灯，结合地面功能区选择灯具进行重点照明；工作台照明可采用格栅灯盘，以使工作空间获取均匀的光线。集体办公区通道采用筒灯作为补充照明
独立办公室		部门经理日常工作、会客、小型会议	照明应注重功能性，选择防眩光的筒灯或漫射格栅灯，结合空间装饰来增强室内氛围的营造，采用合适亮度的射灯来加强墙面的立体照明，营造舒适的办公环境

办公空间	图例	功能	照明设计细节
接待室		洽谈	照明要营造舒适、轻松、友好的气氛，选择显色性较好的筒灯，以柔和的亮度为宜，同时要注意对企业文化或海报作重点照明
会议室		培训、会议、谈判、会客、视频展示等	根据不同功能需要进行灵活改变，要能看清交谈者的面部表情，避免不合适的阴影和明暗对比，利用射灯进行洗墙照明；使用壁灯或射灯进行间接照明
工位区		书写记录、工作交流、小型会议等	照明选择统一间距分布的条形灯，照度合适，还可额外增设台灯，作重点照明
通道		通行	结合顶棚的结构高度，选择隐藏式灯具照明或节能筒灯照明

目前大部分办公照明设计倡导以自然采光为主，人工照明为辅的照明方式，这种照明方式不仅可以有效节约照明成本，同时也有利于创造绿色、节能、舒适的办公环境（图6-2～图6-7）。

图6-2　照明要均衡

> 办公空间的照明要考虑全面，设计时要考虑所选光源的色温以及显色性，办公空间的整体亮度还需均衡，这样才能创造出舒适且安全的办公环境。

图6-3　合理选择照明方式

> 良好的光环境得益于足够的照明度、分布均匀的光线，以及合适的灯具和照明方式，如多媒体会议室可使用可调光的半间接照明灯具，以便满足不同照明场景的需求。

图6-4　合适的照明度

> 办公空间中兼有一般照明与局部照明的工作区域，其照度不应小于200 lx。

图6-5　明暗对比要合适

> 合适的明暗对比才不会造成人眼疲劳，对于两个相邻的工位区域，较低区域的照度应不小于150 lx。

办公区域照明的灯具要具备安全性，购买时要确保其符合国家标准，且已通过 3C 认证，考虑灯具的节能性和环保性，选择寿命长且光能效率高的灯具。

办公空间的照明要注意灯具的合理分配，以便使照度更均匀化，照度为 500 ~ 1000 lx 即可，注意办公空间内最大、最小照度与平均照度之差应小于平均照度的 25%。

图 6-6　办公区域 LED 灯具

图 6-7　设计均匀的照明光线

照明小贴士

视频会议室照明

为了减少灯光造成的面部阴影，会议桌可以选择浅色桌面或桌布，这样可以有效防止反光效应，同时会议室内还需单独设计背景墙，可选择米色或灰色，不使用大幅的装饰画，以免影响视频会议室内的摄像机镜头。

6.1.2　避免眩光

眩光一般包括直接眩光和反射眩光，直接眩光是指裸露光源或自然光直射人眼，导致视觉不舒适和降低物体可见度的视觉条件；反射眩光则是指通过显示器、桌面、窗户玻璃等反射材料，间接反射到人眼的不舒适光线。直接眩光可从光源的亮度、背景亮度以及与灯具的安装位置等因素来避免；反射眩光则可选择发光表面面积大、亮度低的灯具来有效避免（图 6-8、图 6-9）。

图 6-8　调整空间亮度比

图 6-9　灯具的合理运用

　　合适的亮度比能有效减少眩光的产生，可选择增加周边环境的亮度来调节空间亮度比，从而得到中和性光线。

　　利用白色的格栅灯或亮度较低的灯具作间接照明，并辅以壁灯等补充照明，这样形成的亮度也会比较均衡。

6.1.3　墙面和顶棚照明

　　墙面和顶棚的合理照明能够营造一个更具创造性和舒适性的工作环境，在进行照明设计时要处理好墙面与顶棚灯光之间的明暗对比，亮度比不宜过大，以免产生过多的重叠阴影（图 6-10、图 6-11）。

　　在灯光下，不同色彩呈现的视觉效果不同，墙面与顶棚的亮度差别不要太大，在设计时墙面色彩与顶棚色彩应属同一色系，也可在墙面安装射灯来给予墙面更多的光线。

图 6-11　顶棚照明

　　办公空间净高不同，所需顶棚照明灯具也不同。净高较高的空间可安装亮度较大的吊灯，净高较低的空间适合安装吸顶灯或墙面射灯来为整个空间提供照明。

图 6-10　墙面与顶棚的色彩要合理搭配

6.1.4 选择反射材料

照明光线经过办公空间内反射材料的反射，光线会被吸收一部分，而经过不同的反射材料，最终所呈现的照明效果也会不一样，亮色表面比暗色表面反射率要高，在进行照明设计时，要依据照明需求选择合适的反射材料（图6-12、图6-13）。

图6-12 办公空间顶棚材料的选择   图6-13 注意光线的分配

办公区域选择白色且粗糙的顶棚材料，顶棚材料的光线反射率不得小于80%，能有效提高空间照明的均匀度并有效避免反射眩光。

在反射材料统一的情况下，要获得更好的照明效果，需要设置多种光源来平衡照度，并以此为基础合理分配人工光与自然光的比例。

6.1.5 均匀光照

均匀的光照是避免眩光较好的办法，要避免重叠阴影或运用明暗对比鲜明的图形，每一种灯具都需具备特殊的出光特性，并注意处理好重点照明与一般照明之间的关系（图6-14、图6-15）。

墙面要获得均匀的光照，除了均匀布置灯光外，还要考虑墙面材质，墙面铺装粗糙的砖石能获得弱反射光照效果。

选择发光均匀的面板灯作为办公区域的主要照明，保证空间内均匀的照度，且使环境看起来更加洁净、和谐。

图6-14 墙面弱反射照明   图6-15 运用面板灯照明

6.1.6 办公照明案例解析

1）在灯光中重获工作激情

充沛的照明能提升工作激情，采用多种灯具混合照明，可提高整体照度（图6-16 ~ 图6-19）。

铝质吸顶灯（100 W/5000 K）

玻璃材质 T5 灯管（10 W/4000 K）

前台造型设计为弧形，为了保证各角落均有光照，选择了弧度较大的椭圆形灯具，在格栅吊顶上还设计有内嵌型的筒灯，为大厅照明提供了足够的照度。

图 6-16　前台照明设计考虑全面

亚克力材质吊灯（45 W/3500 K）　　铝质筒灯（12 W/4000 K）

办公空间的休息等候区照度在50 lx 以上即可，选用带有灯罩的半圆形灯具，整体偏暖光，适宜休憩，圆形灯具周边的筒灯为等候时的阅读提供了适宜的亮度。

图 6-17　暖光和煦的休息等候区

铝质格栅灯（54 W/5000 K）　　铝质 T5 灯管（10 W/5000 K）　　玻璃、铝质条形吊灯（72 W/4500 K）

图 6-18　灯光与区域内的主体色调相配　　　　图 6-19　集中照明适合开放式会议区

　　开放式的工作区自由度较高，休息区位于工作区旁边，区域内主体色彩为红色，与工作区的橙色搭配，环绕在休息区四周的暖色调灯带为交流提供了间接照明，顶部吊灯提供了恰当的直接照明，灯光的交融使得休息区的氛围更显融洽。

　　开放式的会议区参与人数较多，采取集中照明能够更好地照亮每个人，会议桌上方设置有长条形的 LED 吊灯，色温在 4500 K 左右，为团队间的集中交流提供了基础照明。周边配备有适量的筒灯，为行走以及收取资料提供了适当的辅助照明。

2）照明缓解视觉疲劳

　　工作台面对灯具的显色性要求较高，采用 5000 ~ 5500 K 的白光或偏冷的白光，以舒缓工作疲劳（图 6-20 ~ 图 6-23）。

玻璃、金属材质吊灯（36 W/5500 K）

　　不同的照明灯具会带来不同的照明体验，工作区内均匀分布的筒灯为室内提供了一般照明，悬挂型吊灯为日常会议提供直接照明，内嵌式书柜旁的落地灯则提供补充照明，多种照明灯具配合使用，提高工作效率。

图 6-20　适宜的照明灯具可帮助提高工作效率

玻璃材质 T5 灯管（10 W/4000 K）　　　　金属材质吊灯（27 W/4000 K）

图 6-21　直接照明与间接照明组合

沙发背景墙上设有上照式的层板灯作为间接照明，圆椅之上又设有黑色的艺术吊灯作休息交谈区的直接照明，这为休息区提供了柔和且舒适的灯光，对营造安静、闲适的氛围很有帮助。

金属材质落地灯（36 W/5500 K）

图 6-22　均匀分布的光源

玻璃材质 T5 灯管（10 W/4000 K）

灯具均衡分布才能避免大量光源聚集后产生的杂乱感，走廊每隔一定距离设置一个落地灯，保证了行走的流畅性和安全性，同时斜坡屋顶下的工作区均匀分布层板灯，为工作提供了基础照明。

图 6-23　上照灯光照亮前行的路

铝质明装筒灯（27 W/4500 K）

楼梯照明是办公空间中比较重要的部分，木质楼梯在每一级台阶上都设置有墙角灯，保证了上下楼梯的安全，同时区域内绿植旁也设置了地灯，彰显出空间的自然感。

6.2 博物馆照明

博物馆是征集、典藏、陈列、研究自然和人类文化遗产实物的场所，博物馆照明最重要的作用是展示展品特色，在保护展品的同时提高展品的观赏性。

6.2.1 展品照明艺术表现

1）展品照明

博物馆照明首先要能保护展品，减少光线辐射对展品的影响，同时选择合适的照明方式，呈现展品的真实性。博物馆照明主要采用自然光和人工光相结合的方式，但要控制好自然光的照射量，避免过多的红外线和紫外线辐射导致展品老化。博物馆中的展品对于光源的照度、色温、显色性等都会有不同要求，要注意避免眩光，这样才能有效彰显展品的文化魅力（图6-24～图6-32）。

纸质类展品中的书画作品适合选用低色温的光源进行照明，油画适合选用高色温的光源进行照明，高色温光源能突显出油画的色泽与画面的层次感。

由于金银类展品的光敏感度不高，因而可以选择较高的照度，可以适度保留反射眩光，为观众营造出金光闪闪的视觉效果。

图6-24　纸质类展品照明　　　　图6-25　金银类展品照明　　　　图6-26　陶瓷类展品照明

陶瓷类展品表面光滑，且多釉面，灯光于陶瓷展品表面反射，能提高整个空间的亮度，建议选择色温为3500～4000 K的冷色调光源来表现陶瓷展品的洁净与透亮。

丝织类展品的光敏性比较高，为了真实反映出丝织品的特色，需要选择显色指数较高的灯具，更好地表现丝织品的色彩与质感。

工艺类展品如皮革、象牙等的光敏性比较低，照度要控制在 600 lx 之内，照明要能表现出这类展品的材质与精巧的造型，并能增强观赏性。

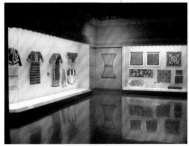

图 6-27 丝织类展品照明　　　　图 6-28 工艺类展品照明　　　　图 6-29 青铜器类展品照明

对于青铜器类展品照度值要不大于 400 lx，由于青铜器展品的质地比较厚重，照明要能表现出青铜器的表面纹理与表面的细节纹饰等，并能增强其表面的艺术美感。

　　根据展品存在形式的不同，可将展品分为平面展品和立面展品，这两类展品的照明方式有所不同。平面展品的尺寸较小，照明多采用单体轨道射灯，立面展品多为雕塑，一般会选择前后多角度照射，以便能突显出立面展品的立体感和表面纹理。

平面展品照明要控制好灯光角度，一般应与竖直方向呈 30° 夹角，这样能避免反射眩光和过多的阴影。

立面展品的照明要选择合适的主光和背光，可以适当降低亮度，获取合适的明暗对比，突显立面展品的雕刻工艺。

图 6-30 平面展品照明　　　　图 6-31 立面展品照明　　　　图 6-32 大型立面展品照明

体积较大的立面展品在设计照明时应重点展现展品的形态特征，可以选择多种灯具从立面展品的两侧和上方进行照射，以使光线在展品表面形成明暗交错的视觉效果。

博物馆内的展品照明需考虑到展品的光敏性，不同的展品拥有不同的光敏性，相对的光照度值自然也会有所不同（图6-33、图6-34、表6-2）。

图6-33　用于展品照明的自然光

图6-34　展品照明

用于展示照明的自然光线必须要采用非直射光，这样能够减少光线的辐射，形成立体的展示效果。

光敏性较低的展品可以使用非直射的自然光照明，但要注意控制曝光量，而光敏性高的展品则严格要求不可使用未经处理的自然光线进行照明。

表6-2　博物馆展品的光敏性与照度值

光敏性	图例	展品类型	照度值 / lx
不敏感		金属、石材、陶瓷、玻璃等	≤ 300
较敏感		竹器、木器、藤器、漆器、骨器、天然皮革、壁画、角制品以及动物标本等	≤ 180
敏感		纸质书画、纺织品、印刷品、橡胶彩画、染色皮革等	≤ 50

2）展柜照明

博物馆展柜一般可分为独立柜、通柜、坡面柜、低平柜，其中使用频率较高的是独立柜。由于展柜尺寸大小不同，灯具的安装高度也会有所不同，一般多在展柜上方设置灯具。博物馆展柜的灯具由于距离展品较近，在设计照明时要控制好光源的光束角和光照强度，照度不宜太大。展柜的配灯可以选择能够自动调焦的射灯，以便更好地实现精准投光（图6-35、图6-36）。

图6-35 低平柜照明

图6-36 独立柜照明

低平柜照明可直接选择在柜外照明，要控制好布灯位置，可在展柜正上方布灯，以避免产生大量反射光，并注意选择光束角较小的轨道灯。

独立柜照明可选择柜外照明，也可选择柜内照明，要注意避免周边物品造成的二次反射眩光，一般多选择轨道射灯进行展柜照明。

照明小贴士 **展柜照明细节**

博物馆展柜照明时要注意做好散热处理，展柜内的热量如果不能得到有效散发，就会影响展品的质量与最终观赏效果。此外，展柜应多采用内藏光，不让观赏者直接看到展柜中的光源，且灯光也不应该在展柜的玻璃面上产生反射眩光。

3）陈列区照明

博物馆陈列区照明应考虑到灯光的显色性、光源的色温、眩光的控制、室内氛围的营造。此外，陈列区照明还要注意灯光的明暗对比，展品与其背景亮度之比不宜大于3：1，且在陈列区入口处的灯光还应区别于其他区域，并能满足观者的视觉要求（图6-37、图6-38）。

图6-37　陈列区照明显色性　　　　　　　　　　图6-38　陈列区照明色温

陈列区照明显色性可参考展品对辨色的要求，辨色要求高的，显色指数要高于90，辨色要求一般的，显色指数也要高于80。

为了更好地突显展品的材质和色彩，陈列区的照明色温一般会小于3300 K。

6.2.2　展示照明设计技巧

博物馆是展示知识的文化场所，馆内要营造宁静、肃穆的氛围，照明既要为观众提供舒适的观赏环境，还要展现博物馆的价值（图6-39 ~ 图6-41）。

博物馆照明要控制好明暗对比度，可适量采用重点照明，提供更好的视觉体验。

博物馆照明要调整好灯具的安装位置与照射方向，要避免形成重叠阴影，以免影响最终的观赏效果。

图6-39　博物馆照明　　　　图6-40　博物馆灯具调整　　　　图6-41　博物馆灯具投光方向

博物馆内灯具的投光方向要与展品的光影明暗方向保持一致，这样可以避免形成重叠阴影，并加深观者的参与感。

博物馆照明应考虑到展板对光线的影响，一般多选择反射性弱的材料制作展板，同时馆内还应保持均匀的照度，并从细节上回避眩光。博物馆照明要统筹全局，优质照明需结合馆体自身的建筑结构与馆内陈设设计，灯具的选择和调试对于创造博物馆的照明环境十分重要（图6-42～图6-50）。

博物馆内高度小于2400mm的平面展示区，最低照度与平均照度比值不应小于0.6；高度大于2400mm的平面展示区，最低照度与平均照度比值不应小于0.4。

博物馆内墙面宜选择中性色和无光泽的饰面，材质反射率不大于0.5；地面宜选择无光泽的饰面，材质反射率不大于0.4；顶棚宜选择无光泽的饰面，材质反射率不大于0.7。

图6-42　博物馆内照度

图6-43　博物馆内反射率

图6-44　眩光控制

博物馆内要控制眩光，一是应考虑展柜玻璃板对灯光的反射，二是应考虑油画或表面有光泽展品对灯光的反射，控制好这两种反射光即可很好地避免眩光的产生。

博物馆内的藏品照明多选择照度值为100～150lx的光源，考虑到展品的曝光时间有限，不能将展品长时间暴露在强光下。

高照度环境多搭配高色温光源，低照度环境搭配低色温光源，这样也能更好地显现出展品的纹理，并展现展品的真实性。

图6-45　博物馆展品照明

图6-46　照度要与色温相匹配

图6-47　博物馆灯具遮光角范围

博物馆内的照明灯具要控制好遮光角范围，一般不小于30°，可选择隐光灯具，并配备相应的防眩光配件。

博物馆空间照明的均匀度必须能有所提高，且不可轻易令人产生视觉疲劳。

重点照明可运用于博物馆墙面照明和展品照明上，多采用 LED 灯，并采用上下照射的方式。

图 6-48 均匀的照度

图 6-49 重点照明的运用

图 6-50 灯光与展品的关系

博物馆内部分区域会选择侧照的方式，主要通过展品明暗对比来达到突显展品纹理的目的，这种照明方式也能加强展品的线条感。

6.2.3 博物馆照明案例解析

博物馆照明主要集中在展品上，弱化走道灯光，利用间接照明与反射照明覆盖走道即可。展品照明多选用 5000 K 左右的正白光灯具，避免照度过强或产生眩光（图 6-51 ~ 图 6-56 ）。

聚氯乙烯材质软膜顶棚（65 W/5500 K）

玻璃材质 T5 灯管（10 W/4000 K）

铝质轨道射灯（21 W/4000 K）

图 6-51 组合式光源创造明亮空间

图 6-52 具有年代感的展品选择低色温照明

全发光顶棚照明是展示空间比较常用的方式，搭配下照式筒灯能保证整体空间的照度。

博物馆内大型机器设备要避免光学辐射，此处选用了光线比较柔和的 LED 灯，数量较少，在提供展品基础的照明时能营造出一种年代感，增强观众的参与感。

金属材质微射灯（3 W/4500 K）　　　金属材质、上下照射壁灯（36 W/5000 K）

图 6-53　不同的色温造就层次感

图 6-54　多种灯光的色温要均衡

> 　　这里的嵌入式洗墙照明，选用内嵌式筒灯以及可上下照射的壁灯作为照明灯具，将光线均匀地投射到墙面，增强了展示空间整体的照度，同时三类灯具的色温均在4000 ～ 4500 K。

> 　　在同一展示区展示两种展品，照明要分别设计。展品背景选用了垂直下照的方式，通过光线照度和亮度的对比将展品突显出来。

图 6-55　利用反射材质获取更好的照明环境

图 6-56　导轨投光照明体现书画美感

> 　　导轨投光照明是在天花板顶部吸顶或者在其上部空间吊装、架设导轨射灯的一种照明方式，适用于均匀排列展品的区域。

> 　　反射式照明主要通过具备漫反射特性的材质将光源隐藏，再使光线投射到反射面。这里充分利用了顶部独特的造型，搭配自然光和顶棚周边的射灯，将灯光通过三角玻璃板反射，营造舒适的照明环境。

6.3　书店照明

书店照明除了能为读者营造安静的阅读环境外，还能够放松读者心情，并提供良好的购物环境。

6.3.1　统一照明

1）展示区照明

书店内的展示区主要可以分为书架展示区、平铺展示区以及特色展示区，展示区内的照明多为一般照明与重点照明相结合的方式，注意控制好灯具的间距，避免灯具温度过高。

平铺展示区多陈列当季畅销的书籍，部分书店会选择具有代表性的书籍进行平铺展示，一般多选择重点照明的方式以突出书籍特色，这时应注意避免眩光以及保证照明与周边环境的协调性（图6-57、图6-58）。

展示区照明会在书柜中设置统一的灯带，搭配展示区域上方排列均匀的筒灯，以便获取更均匀的照度。

图6-57　获取均匀的照度

重点照明可以突出被照物品，可以在平铺展示区设置视觉分辨率较高的照明，并选用光束集中的灯具。

图6-58　重点照明突显书籍

特色展示区主要用于展示书店内的可售卖商品，如明信片、小件雕塑、部分插画等，多选择集中式的照明。为了渲染该区域的气氛，一般会选择具备装饰性的吊灯来提供照明（图6-59、图6-60）。

图6-59　特色展示区照明　　　　　　　　　　　图6-60　特色展示区照明与材质

特色展示区会选择造型不一的展示架，为了获取均匀的亮度，避免眩光的产生，除去顶部的照明外，还可选择层板灯来提供任务照明。

特色展示区的照明要考虑到展示对象的材质，例如，金属类摆件反射率比较高，要避免灯光直接照射。

2）通道照明

除提供基本的行走空间外，书店里的部分通道还会成为读者的阅读区，因此书店通道照明要具备较高的亮度，一般多选择内嵌式筒灯提供照明，注意控制好灯具的间距（图6-61～图6-63）。

书店日常人流量较大，店内通道照明要注重安全性，并配备应急照明系统。书店通道一般净高较高，可选择射灯，直接照明书架任意高度。

书店楼梯通道的照明主要选择墙面壁灯或层板灯作为照明灯具，注意转角处的灯光夹角不宜过小，以免照度不足导致踩空。

台阶通道可为书店提供自然分区，选择墙角灯作为照明灯具既能为行走和在此处阅读的读者提供合适的照度，也不会与店内其他区域的照明产生冲突。

图6-61　照明要注重安全性　　　图6-62　楼梯通道照明　　　　图6-63　台阶通道照明

3）销售区照明

书店内的销售区主要分为消费区和结账区，消费区的照明要突出商品色泽、材质以及标价，结账区照明则要能激发书店职员的工作激情，并能营造一种轻松的氛围，以促进交易的达成（图6-64～图6-66）。

销售区要促成交易，照明需要选择显色性较好的光源，显色指数不应小于80，同时光源色温要控制在3000K以上，以便更好地激发读者的购物欲。

销售区照明既要能促进消费，也要能保护读者的视力，应当使用5000K的色温，这样不仅使商品材料显得温和，也能加强书店的阅读氛围。

书店结账区不宜选择色温过低的光源，可选择暖色调光源来提高职员的工作热情，暖色调光源也能营造温馨的室内气氛，激发读者的消费情绪。

图6-64 销售区的照明需侧重显色性

图6-65 销售区照明

图6-66 结账区照明

4）娱乐区照明

为了满足消费者更多需求，书店在提供基本的阅读区外，还提供娱乐区。在娱乐区内可以进行拼图、绘画、泥塑、刺绣等文娱活动，这些区域多为一般照明（图6-67～图6-69）。

书店娱乐区照明以一般照明为主，间接照明为辅，多选择吊灯、壁灯等作照明灯具。

娱乐区要吸引读者入内，不仅区域内的陈设要具备创意性和设计感，而且区域内的照明也要有侧重重点。可以利用灯光在区域周边制造光影，以营造更具趣味的娱乐区，注意避免阴影影响区域内的活动。

图6-67 娱乐区照明

图6-68 体现设计感

图 6-69　缓解视觉压力

娱乐区内多为需要动手的活动，长期盯着同一个方向很容易造成视觉疲劳，为了缓解这种现象，可以选择光源比较柔和的照明灯具，避免灯光直接照射人眼。

6.3.2　照明设计技巧

1）灯具

书店的灯具是店内陈设的一部分，造型和色彩要能与店内装饰风格相统一，必须明确灯具的安装高度与书店净高之间的平衡关系，不可过低或过高，一切应参考实际情况（图 6-70 ～图 6-72）。

灯具安装得越高越有利于避免眩光，且有利于光线的均匀扩散，但也须注意安装高度过高易导致明显的光衰。

要为大面积书架提供柔和、均匀的照度，一般选择宽光束灯具，这样也可避免阴影的重叠。

营造舒适的照明环境必须要避免眩光，书店的照明必须要获取均匀的照度，且应尽可能隐藏灯具。

图 6-70　灯具安装高度

图 6-71　书店灯具的选择

图 6-72　照明环境的营造

2）被照物

书店照明中的被照物是书籍和待售商品，照明设计要考虑到被照物的材质，包括光滑度和透明度。越光滑的材质反光率越高，若光源直接照射到反射率较高的被照面就会产生眩光，这种眩光会严重影响阅读体验，空间的视觉美感也会大大降低（图 6-73、图 6-74）。

图 6-73　避免强光直接照射　　　　　　　　图 6-74　选择合适的照射方向

由于光滑的被照物扩散的光线不均匀，容易造成刺眼的光芒，应尽量避免强光直接照射。

光线经过不同材质的被照物时会产生折射，而折射后的光线处理不当则会导致眩光的产生，为了避免这种现象，书店照明应控制好光线照射方向。

3）阴影

光与影是共同存在的，在书店的照明设计中，不可避免地会出现阴影，设计时可以巧妙地利用阴影使室内环境获取更多的创意性（图 6-75 ~ 图 6-77）。

为了充分发挥阴影的作用，应将阴影尽量控制在不影响读者购买、阅读的区域，如墙角、地面等。

图 6-75　控制阴影区域

图 6-76　阴影的作用

图 6-77　阴影突出主题

> 黑白分明的阴影可以扩大书店的空间感，不同比例的阴影组合也能增强书店照明的趣味性和层次感。

> 灯光照射处一般是公众视觉的中心，阴影与灯光组成的明暗对比能够更好地突出书店主题和照明主体。

4）亮度

书店照明的亮度必须有所提高，但亮度过高又容易导致眩光的产生，因此要平衡亮度与书店内部环境之间的关系（图 6-78 ~ 图 6-81）。

> 儿童的视力发育尚未成熟，因此书店内的儿童阅读区照度要控制为 300 ~ 500 lx。

> 合适的灯光可以很好地促进消费。过亮的灯光会使读者情绪焦躁，不利于消费，亮度过低的灯光则会使人情绪低迷，也不利于书店长久发展。

图 6-78　照明要考虑儿童的视力要求

图 6-79　合适的亮度能促进消费

图 6-80　亮度要均衡

图 6-81　借助自然光获取合适的亮度

> 为了增强读者的阅读兴趣，书店内各区域之间不可有较大的明暗差异。

> 书店内一般多有靠窗的阅读区，可以利用窗外的自然光线为日间照明，同时搭配店内的人工照明获取灵活的照明亮度。

5）照明方式

书店照明主要采用一般照明、局部照明和重点照明三种照明方式。一般照明能够保证书店内的整体亮度，局部照明能为特定视觉的工作提供有效的照明，重点照明则能很好地突出书店主题，同时吸引消费者入店（图6-82～图6-84）。

一般照明要具备均匀的亮度，可以充分结合自然光线，这样既能减少眩光，也更经济。

局部照明适用于特定的区域，主要在过道或楼梯转角处，但要注意控制好光源的色温，一般为3500 K左右。

图6-82　一般照明　　　　图6-83　局部照明　　　　图6-84　重点照明

书店重点照明主要用于书店标志、促销书籍摆架与装饰陈列区的照明，这种照明方式能利用强烈的明暗反差引起读者的关注，从而有效传递信息。

6）色温

色温会影响人的情绪，色温过高会加深人的焦躁感和烦闷感，而色温过低则很容易使人感到疲劳，因此在设计书店照明时一定要选择合适的色温（图6-85、图6-86）。

图6-85　书店入口处色温　　　　图6-86　书店内合适的色温

书店入口处照明色温为3500 K左右，这样能营造一种舒适、轻松的环境氛围。

书店内的休息区，读者用眼时间不长，因此选择色温较低的光源；而书店内的阅读区则因读者用眼时间较长，极易引起视觉神经疲劳，因此高色温的光源会更合适。

7）色彩

书店内的色彩包括书店墙面、地面、顶棚、家具以及其他装饰品的色彩等，书店陈设的色彩多依据店内设计主题和设计风格而定（图 6-87、图 6-88）。

图 6-87　色彩与灯光的协调性

图 6-88　不同色彩有不同的吸光性

不同色彩的吸光性会有所不同，黑色吸光性最强，白色吸光性最弱，要依据室内色彩的不同选择合适的照度，以便能创造更环保的照明环境。

书店陈设的色彩要能与灯光相配，店内书籍与家具摆设要具备逻辑性，与灯光结合，要能给人空间被延伸的视觉感。

6.3.3　书店照明案例解析

现代书店的功能主要在于休闲阅读，灯光布置柔和，照明强度适中的环境可以满足短暂阅读需求，同时营造出宁静平和的氛围（图 6-89 ～图 6-95）。

金属材质壁灯（36 W/4000 K）　玻璃材质 T5 灯管（10 W/3000 K）　　　金属材质吊灯（36 W/4500 K）

图 6-89　环绕式灯光

图 6-90　展示区一般照明和重点照明

轨道射灯和壁灯可以为环形书店提供不同角度的环绕式灯光照射，轨道射灯每隔一定的距离设置一组，光线比较均匀；壁灯可突出重点书籍，使空间层次感更丰富。

展示区照明只需让读者看清书籍的名称，方便挑选即可，选择一般照明会更适合；特殊类别的书籍和艺术品则应选择重点照明，以此来突出它们的重要性，同时也能吸引阅读者的目光。

铝质轨道射灯（18 W/5000 K）

金属、布料材质吊灯（36 W/4000 K）

图 6-91　狭长阅读区灯具

图 6-92　靠近窗边阅读区灯具

　　阅读区面积较为狭长，在座椅旁设计镜墙，书柜上方设计均匀排列的轨道射灯，光线经过镜墙反射到书柜和桌面上，能有效缓解强光带来的刺眼感，同时也使空间显得更宽敞明亮。

　　阅读区靠近窗边，自然采光充足，吊灯作为阅读区的直接照明可以为白天和夜间的阅读工作提供基本的照度，吊灯的暖光不会对人眼造成伤害，同时也与书桌和地板色彩相搭配。

金属材质轨道射灯（12 W/5000 K）

铝质筒灯（12 W/4000 K）

图 6-93　射灯与筒灯混合照明

金属材质轨道射灯（27 W/5000 K）

玻璃、金属材质立灯（36 W/4000 K）

图 6-94　立灯和射灯为主次陈设分别照明

　　书店内的照明需以展现书籍特色为主，同时也应注重次要陈设品的照明。射灯拥有明亮的光线，可为重点书籍提供重点照明和直接照明。

　　书店顶棚射灯呈梯形分布，二楼与书柜在空间上呈现平行状态的射灯为楼梯上的行走和阅读提供了合适的照明，同时一楼顶棚的筒灯也为小型书柜上的书籍作了直接照明，方便阅读者查阅图书。

金属材质明装筒灯（27 W/5000 K）

图 6-95　重点卖品要设计重点照明

书店内的销售区要对当季热销的书籍进行重点照明，同时还应对具备特殊含义和价值的文艺品进行重点照明，照明要能突出商品特色，可依靠荧光灯和筒灯来实现。

本章小结

办公区、博物馆、书店都属于静态文化空间，需要在照明设计中增添动态氛围，采用多种照明方式提升人对空间的认知与兴趣，同时还要能传承知识与文脉。无论是灯具的选择，还是照明方式的设计，都必须充分结合建筑结构，为更高效的搭配方案创造经济性和科技性的平衡。

第7章

商业照明设计

重点概念： 酒吧、咖啡馆、商业、营销、视觉。

本章导读： 商业空间照明注重视觉效果与营销理念的结合，照明不仅要有照亮功能，还要能营造环境特色，表现装饰风格。尤其是商业餐饮空间，需要注重就餐氛围营造，时尚餐厅多为素雅的陈设布置，照明会搭配材料，同时与软装修相结合，营造具有创新性的照明环境（图7-1）。

图 7-1　咖啡馆照明

大多数咖啡馆的配色色调比较深重，希望装饰材料能与咖啡的固有色相融合，往往选择褐色材质，但是该材质的反光性较弱，给照明设计与氛围渲染都带来了困难，这时可以增加灯具数量，融合室外自然采光，调节沉闷的视觉效果。

7.1 酒吧照明设计

酒吧是典型的娱乐消费场所，除了销售酒水外，还有现场乐队表演，调酒师和音响师也会有精彩的个人秀，灯光照明设计要注重表现细节。

7.1.1 分区域照明

1）出入口照明

酒吧的入口同时也是出口，主要分为隐藏式和非隐藏式。非隐藏式入口处的照明要能突显酒吧主题，而隐藏式入口处的照明则要求照度比较温和，但要与周边环境照明有所区别，以便消费者能顺利找到酒吧入口位置（图 7-2、图 7-3）。

图 7-2　隐藏式酒吧入口

隐藏式酒吧入口多设计巧妙，一般设计成书架、电话亭等形式，其照明既要具备基础的照度，还要突出入口，但又不可显得过于明显，可采用小范围射灯进行局部照明。

非隐藏式酒吧入口多采用灯箱点亮酒吧的标志，彩色灯箱能够突显酒吧的设计主题特色，同时也能吸引行人注意。

图 7-3　非隐藏式酒吧入口

2）通道照明

酒吧通道主要分为入口通道和酒吧内部通道，酒吧通道照明要具备高照度，要能保证消费者行走安全、顺畅（图7-4～图7-6）。

酒吧入口通道狭长，照明首先要能满足基本行走需要，其次还需结合通道两侧墙界面与顶界面的贴面材质，设计出符合酒吧主题的照明。顶面照明可采用筒灯。

散座区通道要控制好距离，为消费者行走提供流畅的空间，可选用吊灯射灯进行综合照明。

图7-4　酒吧入口通道　　　　图7-5　散座区之间的通道　　　　图7-6　表演区与吧台之间的通道

表演区与吧台之间可利用通道的铺装材料获取柔和的反射光源，同时表演区和吧台也可为其提供间接照明。

3）吧台照明

酒吧吧台的照明必须要重视消费者的视线动向。要想使消费者印象深刻，可以在吧台使用间接照明，突出吧台后方的展示架和展示品，同时还可利用光影来营造私密的气氛（图7-7～图7-9）。

民族风格吧台的照明应当选用灯光柔和的灯具，以此来烘托酒吧低调且浓郁的民族氛围。

灯光要能照亮酒品，同时还需为调酒师的表演提供任务照明，此处吧台下方设置了层板灯，吧台的上方设置了合适间距的吊灯，恰好能够为吧台工作提供合适的照度。

图7-7　带有民族风格的吧台　　　图7-8　吧台照明　　　　图7-9　挑高吧台照明

挑高吧台照明所需的亮度相对较高，为了能够完整地照射整个吧台，多选择悬挂型吊灯进行直接照明，并配合内嵌式筒灯进行重点照明。

4）散座区照明

　　酒吧散座区的灯光要能够照亮消费者的表情，营造愉悦的情绪，同时还要结合酒吧的装饰主题，透过每一个细节突显设计感（图 7-10 ~ 图 7-12）。

　　散座区可选择亮度适宜的吊灯作为主照明，同时配合小亮度的射灯对人脸照明，布置灯具时，注意控制好照明间距与安装高度。

　　包厢式的散座区要营造一种奢华、低调的感觉，可以选择在中心位置安装水晶吊灯或造型大气的铁艺吊灯，既能起到主要照明的作用，也能装饰散座区。

图 7-10　散座区照明

图 7-11　包厢式散座区照明

图 7-12　靠近吧台的散座区照明

　　靠近吧台的散座区为了制造更生动、活跃的照明效果，除设置固定的吊灯外，还可以设置可移动灯具，如落地灯、台灯等，以便应对各种照明灯光需求。

 照明小贴士　　**酒吧灯具选择**

　　酒吧光源和灯具的选择性很广，但要与室内环境风格协调统一。酒柜内置的橱柜灯是 LED 灯带，仅提供基础照明，一般仅提高观赏性，不需要重点照明。

5）表演区照明

　　酒吧表演区要能让观众看清舞台表演，可采用射灯或追光灯，营造出浪漫、温馨、热情的氛围，以便能更好地带动观众情绪（图 7-13、图 7-14）。

　　舞台表演区为引起观者共鸣需设计效果灯，可选择定向型光束灯具使表演区具备立体美感。

图 7-13　舞台表演区照明

三角形表演区造型特殊，可选择轨道射灯来提供自由光照，同时配备舞台灯来渲染表演氛围。

图 7-14　三角形表演区照明

7.1.2　酒吧照明案例解析

1）照明情绪表现

情绪是一种设计氛围，酒吧空间的情绪通过局部照明与灯光色彩来表现，选择不同色温的灯具对重点部位直接照明，形成明暗对比较强的视觉效果（图 7-15 ～图 7-18）。

金属材质吊灯（15 W/5000 K）　玻璃材质 T5 灯管（10 W/3500 K）

金属、亚克力材质灯箱字（150 W/5500 K）

图 7-15　灯箱体现酒吧门面的优雅气质

图 7-16　利用光影创造吧台的私密氛围

酒吧外装饰采用灯箱作为侧照与泛光照明灯具，使酒吧在夜色中尤为醒目，虽然没有采用霓虹灯渲染气氛，但这种简单的照明方式更能突出酒吧特色。

此处吧台的台面上方均匀设置了照度一致的射灯与吊灯，同时在背景墙上方还设置有层板灯，用来照亮背景墙，这些灯光与周边环境形成强烈的明暗对比，也加深了消费者的印象。

铝质舞台灯（220 W/5000 K）　　　铝质轨道射灯（120 W/5500 K）　　　玻璃材质天幕灯（560 W/6000 K）

图 7-17　卡座中间的表演台光线不宜强烈　　　　　图 7-18　舞台灯可以更好地突显背景舞台

表演台的照明要能吸引观赏者的注意力，但灯光不可太亮，太过强烈的灯光不仅容易造成眩光，还会影响观赏效果。此处选用了轨道射灯用来突出舞台的表演路线，但照度较低，能与周边较暗的大环境相协调。

舞池选用天幕灯作为背景舞台照明，并在台阶处设置了追光灯，这样既能彰显舞蹈者风采，又能有效防止踩踏事故的发生。

2）照明具有韵律感

照明的韵律感可以通过有秩序地排列灯具来实现，相同灯具之间并不是简单的复制，需要在照明角度、强弱变化等细节上富有规律（图 7-19 ~ 图 7-21）。

铝质轨道射灯（27 W/4500 K）

铝质轨道射灯（27 W/4000 K）　玻璃材质 T3 灯管（27 W/4500 K）　　　　　铝质射灯（27 W/3500 K）

图 7-19　音乐酒吧的表演台　　图 7-20　大舞池可选用组合射灯进行照明　图 7-21　酒吧出口处的楼梯照明

表演台选用下照轨道射灯来重点突出表演者，将观赏者的视线集中在表演者身上，增强其参与感，灯光投射的光影与舞台墙面、地面形成独具特色的光影，使人沉醉其中，流连忘返。

音乐酒吧舞池较大，顶棚上方同时设置有轨道射灯和长条形灯管，与声控设备相结合，呈现出带有螺旋状的光影效果，美妙绝伦。

音乐酒吧出口处的楼梯照明以白光灯为主，楼梯通道在不同方位设置了轨道射灯和墙角灯，将楼梯拐角与踏步清楚呈现出来，一方面引导消费者前往收银台结账，另一方面也能为行走提供安全照明，同时灯光在墙面上形成的光影也极具节奏感。

7.2 咖啡馆照明设计

咖啡馆会选择开设在地理、交通环境都好的区域，且咖啡馆的照明设计具有相当强的专业性，其照明设计的最终目的也是为了更好地为使用功能服务。

7.2.1 分点照明

1）合理选择光亮度与色彩

咖啡馆的灯光要能够吸引消费者的目光，引导其进店消费，同时要体现室内的风格特色与咖啡的特点。可以选择和周边环境呈对比色的灯光，以此激发顾客的好奇心，或采用柔和的暖光，营造浓郁的温馨感（图 7-22 ~ 图 7-25）。

图 7-22　照明要与自然光结合

为了在室内营造出自然光影感，咖啡馆内的照明多使用隐光，白天多利用自然光照明，可以选择一些半透薄纱窗帘，加深空间的层次感。

图 7-23　咖啡馆桌面照明

在咖啡馆桌面上方安装吊灯，或者选择烛台灯，低亮度能渲染出浪漫的气氛。

图 7-24　咖啡馆光色的选择

咖啡馆内多适用暖光，可将红色、橙色、黄色等色彩相结合，为店内营造温馨、舒适的氛围，令人放松心情。

图 7-25　咖啡馆收银台灯光

咖啡馆内收银台和入口处要设置亮度较高的灯光，让点购与付款清晰明朗。

　　咖啡馆根据功能分区将照度划分成不同的梯度，并根据需要选择合适的照度（图 7-26、图 7-27）。

咖啡馆室外要注意处理好与周边同类型咖啡馆的明度差别，室外门头要采取重点照明，并合理利用灯具。

图 7-26　咖啡器具的照明

图 7-27　照明要突出主体设计

光线能吸引消费者的视线，可以选择投光灯或比较柔和的日光灯来为咖啡器具提供照明，这样也能突显咖啡品质，并加深空间的立体感。

为了更好地体现照明的作用，咖啡馆内的装修色调最好选择比较明朗的色系，如米色、黄色或原木色等，灯具造型也应符合店内装饰风格，同时灯具的安装高度和间距要参考空间层高和咖啡馆的整体面积（图7-28、图7-29）。

图7-28　暖黄色的咖啡馆内墙

图7-29　充分利用自然光

暖黄色的内墙面能够为咖啡馆营造温暖的感觉，搭配布艺沙发座和木质方桌，同时配合下照式的球形吊灯，空间冷暖色调结合，层次分明，十分有情调。

窗边座位上方设置有下照式的吊灯，吊灯悬挂高度一致，外罩各具特色，白天的自然光即可为内部提供照明，夜晚灯光搭配窗外的夜景又是另一番风景。

2）不同功能分区的照明

咖啡馆内的功能分区主要包括桌、椅摆放区域，艺术装饰品陈设区域与服务通道区域，这些功能分区要根据区域特色选择合适的照明方式，并注意突出重点（图7-30、图7-31）。

图7-30　桌、椅摆放区域照明

图7-31　服务通道区域照明

桌、椅摆放区域是顾客品尝咖啡的区域，照明要营造舒适、浪漫的氛围，可采用一般照明和局部照明相结合的方式来突显咖啡的特质和桌、椅等的特色。

服务通道区域的照明要依据咖啡馆内的空间结构特点来设计。服务通道区域的灯光主要用于引导顾客进店，需要设置向上或向内延伸的灯光，以便顾客沿着灯光进入咖啡馆二层。

3）灯具选择

照明设计所呈现的最终视觉效果需要照明灯具来实现，因而若要为咖啡馆塑造出更具视觉冲击性与创新性的室内环境，照明灯具的选择就必须要慎重，要选择具有实用价值和观赏价值的创意灯具（图7-32～图7 35）。

图 7-32　台灯

图 7-33　吊灯

台灯和壁灯主要提供气氛照明或一般照明。为了使咖啡馆内的气氛不至于太过单调，可在整体照明中增加几盏台灯或壁灯来补充台面照度的不足，但要注意处理好眩光，要控制好灯具的照射方向。

吊灯造型华美，很容易就成为人们关注的焦点，咖啡馆内的中心位置可设置创意吊灯，这样能提高咖啡馆的品位和档次。

图 7-34　筒灯

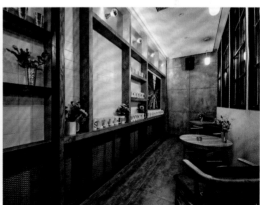

图 7-35　层板灯

筒灯造型简单，照度合适，可以与其他灯具结合，以使咖啡馆获得均匀的照度，还可为墙面装饰画提供很好的补充照明。

咖啡馆还可安装灯带、层板灯等装饰性较强的灯具，这些灯具安装便捷，可以很好地与店内环境相融合。

7.2.2　照明氛围营造

氛围的营造是增强咖啡馆附加值的重要条件之一。咖啡馆多追求浪漫、温馨的气氛，装修精美的咖啡馆具备良好的室内陈设环境，店内的灯光环境也能令人放松心情，缓解工作带来的压力（图7-36、图7-37）。

图 7-36　闲适的室内氛围

图 7-37　浓郁的欧式风情

陈设装饰品与灯光相结合可以营造出闲适的气氛，储物架上方放置了书籍和绿植，散而有神，同时搭配自由的轨道射灯，墙面光影斑驳，室内闲适感更为浓郁。

玲珑有致的吊灯、台灯、壁灯，装饰性极强，和煦的灯光令人备感温馨，灯具曲折的线条处处彰显着欧式特色，引人流连。

咖啡馆氛围的营造还可以通过不同照明组合来实现，多采用一般照明与间接照明相结合的方式，部分区域会采用装饰照明。此外，咖啡馆内白天照明和夜间照明所要营造的氛围会有所不同（图7-38、图7-39）。

图 7-38　咖啡馆白天照明

图 7-39　咖啡馆夜间照明

白天可充分利用窗户获取自然光，同时可在窗边或墙面设置壁灯或艺术吊灯，为店内提供壁面照明，这样既能充分发挥灯具的作用，也能创造出舒适的空间感。

咖啡馆夜间照明应当在主要区域、桌面、墙面等重点展示区设置灯具，可选择壁灯、筒灯或吊灯等获取充分的亮度，也可在店内适量安装可调光灯具。

咖啡馆内的一般照明要考虑店内整体明亮度，考虑室内装修材料的反射性、吸光性，并根据所得数据进行照明分配（图7-40、图7-41）。

图7-40 灯光一般照明

图7-41 灯光与日光相结合

咖啡馆内座椅多为木质、藤编或布艺材质，在相同光照条件下，不同材质所反射的光线强度会有所不同，要选择合适的照射方向，以营造出更好的光环境。

墙面、地板、顶棚、桌面之间的照明，既要有所区别，避免单调，又要有所统一，避免杂乱。

7.2.3 咖啡馆照明案例解析

1）照明要衬托设计主题

咖啡馆的销售品种较为单一，因此若要表现特色主题，灯具造型选择就显得非常重要，一般多采用现场制作或定制灯具（图7-42～图7-45）。

铝质筒灯（12 W/5000 K）　　金属、亚克力材质灯箱（55 W/4500 K）

明亮且具备特色的门头自然会吸引更多的消费者，咖啡馆选用文字灯箱来表现标志，搭配五个筒灯来照亮自行车和蓝色座椅，突出了咖啡馆的设计主题，表现出小清新的设计格调。

图7-42 门头设计要能吸引行人目光

铝质筒灯（12 W/5000 K）　　　金属材质吊灯（36 W/5500 K）

收银台选用蓝色的吊灯作为一般照明，选择了轨道射灯为墙面装饰物与收银台菜单进行重点照明，清晰可见的彩色文字表明咖啡馆内准备了多样饮品供消费者选择。

图 7-43　收银处照明要注重饮品展示

铝质轨道射灯（21 W/4000 K）　　　金属、玻璃材质吊灯球泡灯（30 W/3500 K）

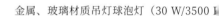

图 7-44　光影与实物交汇，创造更多韵味　　　图 7-45　具备特色的灯具会更吸引人

咖啡馆展示墙上是拆解的自行车，射灯照射到墙面上形成强烈的光影效果，呼应咖啡馆设计主题的同时，创造更多韵味。

灯具造型以自行车轮为参照物，表现出了设计主题，自行车轮造型吊灯采用 LED 球泡灯，既安全又节能。

2）直接和间接照明运用

直接照明是功能照明，要照亮陈列商品；间接照明是氛围照明，要表现空间设计主题（图7-46～图7-48）。

铝质射灯（13 W/4000 K）

玻璃材质吊灯（21 W/3500 K）

图 7-46　收银台的照明要能突出主体

咖啡馆的收银台主要突出两处，一是柜台，二是柜台后的陈设展品。这里采用了玻璃吊灯作为柜台处的直接照明，同时选用了轨道射灯、筒灯、层板灯对展品、装饰画、佛像进行间接照明和重点照明，使得咖啡馆内容更丰富，更有情调。

铝质筒灯（5 W/4000 K）　　　金属、玻璃材质壁灯（18 W/3500 K）

图 7-47　筒灯与壁灯相互补充

作为咖啡馆卡座区直接照明的筒灯，其照度比用于间接照明的壁灯的照度要高，这两种照明方式相互补充，有效增强了咖啡馆的视觉效果。

金属、玻璃材质吊灯（30 W/4500 K）　　玻璃材质 T5 灯管（10 W/3500 K）

图 7-48　低照度直接照明渲染文艺气息

玻璃外罩球形吊灯照度较低，散发着柔和的光芒，与顶棚暖色层板灯完美结合，表现出咖啡馆内浓郁的怀旧感和温馨感。

7.3 服装专卖店照明设计

服装专卖店照明设计是为了给消费者提供舒适的购物环境，促进消费。服装专卖店在设计照明时应当结合商店自身的风格特色，运用灯光来增强商店的核心竞争力。

7.3.1 照明突显主题

1）标志与入口照明

服装专卖店标志照明要求明亮醒目，能够使人印象深刻，多选用 LED 软条霓虹灯提供照明，能制造出热闹、欢快、繁华的购物氛围。霓虹灯可采用多种颜色，设计成各种形状。为了使标志更具吸引力，霓虹灯颜色一般以单色和活跃性较强的红、绿、白等色为主。服装专卖店入口处的照明除了要突显主题外，还要利用灯光来有效地延展空间，给人大气、高贵的感觉（图 7-49、图 7-50）。

图 7-49　入口处照明要能放大空间

图 7-50　通过照明吸引消费者

服装专卖店的入口处照明色温应当在 4000 K 以上，主要以白光为主，也有部分会选择暖白光，要营造一种明亮、轻松的购物环境，并可以在视觉上放大服装店的面积。

可在服装专卖店门头或商店侧边安装射灯，照亮入口的同时，增强商店与外界的照度比，营造亮度相对较高的场景，吸引消费者进店。

2）橱窗照明

橱窗的主要功能是展示服装品牌的风格，彰显季节服装特色，通过营造服装主题场景来展示重点陈列商品，并搭设具备丰富故事元素的主题来辅助店内陈设，以便能更好地促进消费（图 7-51、图 7-52）。

图 7-51 利用灯光提升档次

图 7-52 柔和的橱窗灯光

灯具类型不同，照射角度不同，最后所呈现的橱窗空间感也不同，设计橱窗照明要选择合适的照射方向，以便能更好地展现出服装的特质。

橱窗照明可选择从上至下照射，既能突出服装，又能造就美观的视觉感受，可利用轨道射灯照明，以便能自由调节灯光。

橱窗可分为高橱窗与低橱窗，因此要根据橱窗类型选择合适的照明方式。展示高度在 3500 mm 以上的称为高橱窗，在 3500 mm 以下的称为低橱窗（图 7-53、图 7-54）。

高橱窗要避免产生昏暗的视觉感，照明注重突出服装的造型和材质。

图 7-53 高橱窗

图 7-54 低橱窗

低橱窗可使用不同角度的灯具营造空间层次感，要注意控制好光线的照射方向。

服装专卖店的橱窗照明不仅要注重美观性，同时还需注重功能性，要能展现服装质地，橱窗内的亮度应当比卖场中的高出 2～3 倍，但是也不可使用太强的光线，以免产生眩光。此外，橱窗可细分为封闭式橱窗、半封闭式橱窗、开放式橱窗等。封闭式橱窗可进行相对独立的布光，灵活性较强，半封闭式和开放式橱窗照明要考虑与商店内部的灯光相呼应（图 7-55～图 7-57）。

封闭式橱窗是一个独立的空间，自由度比较大，可以根据空间大小来选择合适的照明灯具，一般多采用小型艺术吊灯搭配射灯照明，既能丰富空间形式，又能达到照明的目的。

图 7-55　封闭式橱窗照明

图 7-56　半封闭式橱窗照明

图 7-57　开放式橱窗照明

半封闭式橱窗与店内陈设同属一个区域，且橱窗内的陈设变化较大，为了应对这种变化，多采用可以自由调节照射方向和照射距离的轨道射灯照明。

开放式橱窗可以适当增加橱窗的亮度，还可对橱窗中服装的设计细节部位进行重点照明。

3）试衣间照明

试衣间的灯光重在营造舒适的视觉环境，能够让消费者轻松欣赏服装，观察服装搭配效果，因此试衣间的照明要具备良好的显色性，不能让顾客觉得服装在店里一个样，回家又是另一个样，否则很容易造成退货问题（图 7-58、图 7-59）。

图 7-58　镜前照明要给予人舒适感

图 7-59　试衣间照明色温要合适

试衣间要注重镜前灯光照明，打造红润、自然的肤色照明，让人感觉到舒适。

试衣间的灯光要具备较好的色彩还原性，能够让消费者观察到服装的真实色彩，同时可以采用色温较低的光源，以营造出温馨、舒适的试衣环境。

4）服装展示区照明

服装展示区会展示当季的特色服装，照明可以选择较亮的光线，可选择射灯作为重点照明。设计照明时要注意光线的明暗对比与色彩对比的处理，尽量采用防眩光灯具（图 7-60、图 7-61）。

图 7-60　服装展示区灯光

图 7-61　服装展示区灯光的色温

服装展示区灯光与周边环境应该有明显的强弱对比，这不仅可以突出服装展示区的重要性，还可以让亮度较高的光线更容易突显出服装特色。

服装展示区照明同样需要能促进消费者购买，因而色温要选为 3000～3500 K，显色指数要大于 80，以便更清晰地展现出服装的魅力。

5）陈列区照明

陈列区主要分为衣架陈列区和货架陈列区，一般大衣、裙装等会选择放置在衣架陈列区，而裤子、衬衣、T恤等会放置在货架陈列区（图7-62、图7-63）。

图 7-62　衣架陈列区照明突出重点

衣架陈列区的照明要集中在所要展示的服装上，并选择能展现服装自然色调的光源。在衣架陈列区附近还可设置嵌入式或悬挂式灯具，这样能更清晰地展现服装的材质和纹理。衣架陈列区的照度要大于 750 lx，色温为 2800 ~ 3000 K，显色指数要大于 90。

图 7-63　货架陈列区侧光照明

为了避免灯光在货架陈列区产生阴影，可以选择方向性不明显的漫射照明，搭配侧光照明，这样能更好突出服装的立体感。货架陈列区的照明除了要体现服装的视觉效果，还需突出服装品牌特色，并促进消费者完成互动消费。

 照明小贴士　　服装专卖店灯光要冷暖结合

冷暖结合的灯光能够给人温馨感和柔和感，更能展现服装的设计细节和设计特色，如果采用直接照明，应选择照度在 1000 lx 以上的灯具。

7.3.2 照明设计原则

服装专卖店的照明要能吸引消费者关注某一件或某一个区域的服装。通常服装专卖店会结合基本照明、重点照明、装饰照明进行灯光布局,加强空间的层次感(表7-1)。

表 7-1 服装专卖店各区域照明类型及要求

照明类型	照明范围	亮度	照明目的	光效要求	设计方法	照射方式
基础照明	全面	中	满足消费者的基本购物需求	均匀、平和	选择嵌入式灯具或吸顶灯,灯具分布均匀	直接照明、间接照明、漫射照明
重点照明	局部	高	要能突出重点服装,能吸引消费者,激发购买的欲望	立体感强	采用固定式射灯或轨道射灯照明,亮度是基础照明的3~5倍	直接照明
装饰照明	局部	低	营造氛围,装饰服装专卖店,增强光照效果	柔和、丰富	选用装饰性较强的灯具,且拥有有色光源	漫射照明、间接照明

1)照明要符合整体装修风格

服装专卖店的照明要根据空间背景色来决定冷光还是暖光,装饰背景色对灯光的明暗对比也有很大影响,不同背景色所呈现的阴影深浅度会有所不同(图7-64、图7-65)。

图 7-64 基本灯光照明

图 7-65 照明要与风格统一

服装专卖店的基本灯光要能保证店内总体照明,主要包括店内通道照明、墙顶面照明。照明要注意亮度控制,通道照明亮度要高一些。

服装专卖店内所选择的灯具造型、灯光色温、明暗对比度都应与店内装修风格一致,且色调也应相和谐。例如,以白色为主的店面室内空间,灯光就不易选择偏黄的光色,以免使服装店显得凌乱。

2）照明要具备良好的色彩还原性

人的视觉对色彩具有一定的适应性，同一种颜色的服装在不同强度的光线照射下，因服装材质的不同，所反射的光色是不同的。要充分考虑服装的材质与灯光亮度之间的关系，既要避免亮度过高产生的升温过快问题，又要保证亮度能展现服装的固有色与材质特色。

眩光一直是照明设计中存在的问题，服装专卖店的灯具一定要均匀分布，使空间亮度获取均匀，且明暗对比不会太过于明显（图 7-66、图 7-67）。

图 7-66　服装照明

图 7-67　调整照明角度避免眩光

使用基础照明可让整个空间保持合适的明亮光线感，为了重点突出服装，可以选择在局部重点照明，但不应选择有色灯光，以免混淆消费者对服装本色的认知，影响消费者的视觉感受。

在设计服装专卖店的照明时，可以多方位调节适合的照明角度，避免眩光的产生，并选择合适的直射光源区域，如果店内镜子较多，还需考虑镜面反射对照明效果的影响。

3）照明要注重安全性

服装专卖店中各类灯具的电路布局错综复杂，一定要确保灯具的用电量在核定数据之内，且灯具分布间距恰当，光源散热良好等（图 7-68）。

服装专卖店属于公共空间，且日常人流量较大，店内照明要能保障公众的人身安全，照明设计既要使服装专卖店具备一定的艺术美感氛围，同时也要具备相当规范的安全保障措施。

图 7-68　服装专卖店的安全性照明

4）合适的照明方式

展示的服装特色不同，所要营造的设计主题不同，需要的照明方式也就不同，因此服装专卖店通常采用一般照明和重点照明或者两者相结合的照明方式。也有小部分区域会使用情境照明和任务照明，这两种照明方式均用于特定的场所，灯光的亮度要求不同，最终呈现的照明效果也会有所不同（图 7-69 ~ 图 7-72）。

图 7-69　一般照明

图 7-70　重点照明

一般照明决定了服装专卖店的视觉基调，店内采用均匀布置且整齐对称的灯具，以便营造出简洁、大方的购物环境。

重点照明要能让精品服装脱颖而出，注意控制灯具的照射方向。

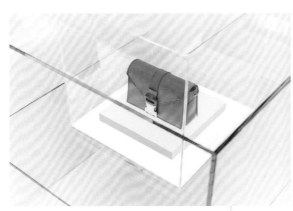

图 7-71　特殊照明

图 7-72　情境照明

特殊照明是通过色彩搭配提高服装店的魅力和感染力，多采用聚光灯、荧光灯等照明设备。

情境照明可用于橱窗照明，要控制好区域之间的照度变化与亮度对消费者心理的影响等，并要注意体现个性化。

7.3.3 服装专卖店照明案例解析

1）控制好灯具间距

　　灯具的间距与灯具光照范围直径相当，或比灯具光照范围直径略短。筒灯、射灯的间距多为 800 ～ 1500 mm，而形体较大的吊灯可以根据空间区域来设定间距。在视觉上感受较明确的独立区域内可设计一盏吊灯或一组吊灯（图 7-73 ～图 7-76）。

金属、玻璃材质吊灯（35 W/5500 K）　　　　　　　　铝质射灯（21 W/5500 K）

图 7-73　重点照明和一般照明相结合　　　　图 7-74　借助自然光突显服装材质

　　服装展区选择了侧照的轨道射灯，重点突出中心区域的服装，同时又均匀排列球形吊灯作一般照明，这能使服装展区层次更分明。

　　自然光能够展现服装材质的真实纹理，这里选用了局部射灯与窗外自然光相结合的方式，多角度照射使得服装的质地与纹理清晰展现在消费者面前。

金属材质落地灯（21 W/5500 K）

　　异形空间位于楼梯下方，本身就具备比较好的反射条件，将单体落地灯放置于沙发旁，灯光经过反射后，一部分照向灯具后方的亚麻服装，一部分照向沙发，达到了双向照明的效果。

图 7-75　落地灯能为异形空间提供适合照明

玻璃材质 T5 灯管（18 W/3500 K）

又窄又长的多层楼梯不宜设置密集灯具，否则容易产生眩光，灯具选用了能够带来舒适感的层板灯，且间距控制比较合理，不会产生重影

图 7-76　多层楼梯要设置灯具

2）区分陈列区和展示区

陈列区照明要均衡，区域内保持照度基本一致，展示区要有比较明显的重点照明，以确定主要商品特色（图 7-77～图 7-80）。

亚克力材质台灯（25 W/3500 K）　　　玻璃材质 T5 灯管（21 W/4000 K）

商标照明选用了侧面泛光照明，使得商标更具有立体感，非常醒目，能吸引消费者的注意。

图 7-77　商标色温要与室内整体色温协调

铝质轨道射灯（21 W/3500 K）

图 7-78 等候区选择组合照明

等候区面积较大，在沙发处选用轨道射灯作为一般照明，展示架上的商品配有重点照明，陈列品上方设置有层板灯，亮度适中，达到渲染商品的目的。

铝质发光顶棚（21 W/4000 K）　　　　　　金属、布料材质壁灯（18 W/4500 K）

图 7-79 单件展示选择重点照明，更能突出服装特色　　图 7-80 合适的亮度，有助于缓解等待的焦急感

橱窗为了表现婚纱的材质，在吊顶上方制作了发光顶棚，与环绕在婚纱周边的镜子形成错觉，使消费者将重心放到婚纱上，从而勾起消费者的购买欲。

等候区照明亮度适中即可，沙发上方的层板灯为其提供了基本照明，墙壁上的两盏壁灯为展示婚纱进行重点照明，同时具有一定观赏性。

7.4 珠宝专卖店照明设计

珠宝专卖店主要销售金银和玉石，在设计照明时需要根据珠宝类别设置照度和色温，以便能更好地展现出珠宝的魅力。

7.4.1 彰显奢华感

1）入口照明

珠宝专卖店的入口照明依旧要求醒目，能够吸引路人的注意，灯光能够起到引导作用，促进消费者进店消费。要注意结合门头的造型来设计照明，同时要注意防水和灯具维修更换的问题（图7-81、图7-82）。

图 7-81　入口处商标照明

当整栋大楼都是同一家店面时，建筑外部需选择比较温和的灯光，以此突显店面特色。入口台阶处还需设置重点照明，以保证消费者入店的安全性。

珠宝专卖店的入口使用清晰的商标发光字，门头下方还设有内嵌式射灯，下照式灯光会带来安全感，并促使消费者入店选购。

图 7-82　店面整体照明需统一

2）橱窗照明

珠宝专卖店的橱窗可分为三类，即封闭式、半封闭式、开放式。封闭式橱窗为独立整体，可以进行独立的布光，所能选择的灯具品种也较多，自由度较大；半封闭式与开放式橱窗的照明要与店内风格保持一致，因此灯光限制较多。设计珠宝专卖店橱窗的照明一定要根据不同的店面形式，采取不同的灯光配置（图 7-83 ~ 图 7-85）。

封闭式珠宝橱窗照明应当根据珠宝种类选择合适的色温，在 3300 ~ 4300 K 色温的灯光照射下能够显示出最佳效果。

半封闭式珠宝橱窗多选择内嵌式射灯或筒灯照明，照度一般控制在 2500 ~ 3000 lx。

图 7-83　封闭式橱窗

图 7-84　半封闭式橱窗

图 7-85　开放式橱窗

开放式珠宝橱窗多选择情境照明和重点照明相结合的方式，灯光要体现珠宝本色与细致工艺。

优质的珠宝专卖店首先必须呈现奢华、大气的视觉感，这样也能更好地衬托出店内珠宝的价值。其次珠宝专卖店还需注重眩光处理，这是由于珠宝本身具有比较强的反射能力，一旦灯光太过杂乱，不仅不会有星光璀璨的视觉感，反而会令人产生视觉疲劳，严重的可能会导致头晕（图 7-86、图 7-87）。

图 7-86　珠宝橱窗创意照明

图 7-87　珠宝橱窗场景照明

调整背景板与灯具之间的照射距离能形成阴影，为橱窗提供更多的创新性。

珠宝橱窗有不同场景，照明要突显场景主体，多采用自由度较高的轨道射灯来满足不同方向的照明需要

3）洽谈区照明

洽谈区照明必须营造舒适、轻松的沟通氛围，灯光的亮度不可设置太高，以免引起人的不适，可设置带装饰性且能防眩光的照明器具（图7-88、图7-89）。

图7-88 洽谈区灯具

图7-89 洽谈区照明数据

洽谈区可以选择造型简单的吊灯，灯具的色温不宜过高，能清晰照亮人的面部表情即可，为了让营业员能更好地向消费者推荐店内产品，光线应该多集中在工作台面上。

珠宝专卖店洽谈区的整体空间照度要控制在200～300 lx，色温要在4000 K左右，可以设置适量的重点照明，但必须注意重点照明的照度要在600 lx之上，空间显色指数也要大于90。

4）展示区照明

展示区照明的主要目的除突显珠宝特色外，还需能辅助店内基本照明，以便能更好地吸引消费者（图7-90、图7-91）。

金属类陈列柜中不同材质选择不同的灯光色温。黄金类灯光色温为3000 K左右，彩金类灯光色温为3500 K左右，铂金与白银类灯光色温为4000 K左右。

图7-90 展示区照明

图7-91 金属类陈列柜照明

展示区照明多选择组合照明，柜内照度为400～500 lx，重点区域照度为800～1000 lx。

5）墙面照明

　　墙面照明在很大程度上也可以用来提升珠宝专卖店的空间档次，墙面照明的侧重点不同，所呈现的视觉效果也会有所不同（图7-92、图7-93）。

图 7-93　注意墙面照度

图 7-92　墙面照明

　　墙面照明的照度要低于柜台照明，以便更好地突显珠宝，设计墙面照明还需充分考虑墙面材料的反射能力与墙面的色彩和材质。

　　墙面多为重点照明，可选择射灯搭配洗墙灯或层板灯进行墙面照明。

6）柱面照明

　　柱面照明一般采用直接照明、间接照明、内透光三种照明方式，这三种照明方式所产生的照射面积有所不同，可依据店内建筑结构来选择（图7-94～图7-96）。

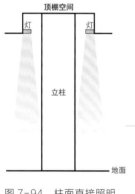

图 7-94　柱面直接照明

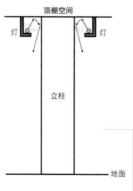

图 7-95　柱面间接照明

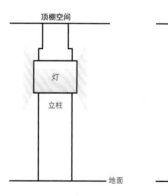

图 7-96　使用内透光方式进行柱面照明

　　柱面直接照明是将灯安装在与柱面相近的吊顶构造上，光源可以直接产生下照光，从而照亮柱面。

　　柱面间接照明多使用条形灯，将灯镶嵌在吊顶的灯槽中，使光线照射到顶面后能反射到立面柱体上，注意柱子贴面材料不同，反射的光线强度也会有所变化。

　　在柱子中间嵌入灯管，通过灯管均匀发光，从而增大柱面发光面积，提升装饰效果。

7.4.2 综合统筹设计

对珠宝的了解不能只停留在表面,珠宝本身的特质必须纳入照明设计的考虑范围之中。珠宝专卖店在设计店内照明时,不可只追求高亮度的室内照明环境,还需考虑光源的合理配比,区域之间的亮度差过大反而会使店内阴影重叠,造成不好的视觉效果(图 7-97、图 7-98)。

图 7-97 平衡的亮度比

> 珠宝专卖店的照明要注重光源的比例分配,以此来区分销售的主体与非主体,才能有效地营造空间层次感。

图 7-98 照明要考虑灯光的破坏性

> 亮度过高的灯光具有较强的电磁辐射,且由于升温过快,灯具的热辐射量也会增大,这会影响珠宝本身的色泽。

> 不同的色温与照度能够赋予材质不同的视觉体验,例如,冷色调光源给予消费者镇定感与个性感,暖色调光源则给予消费者舒适与柔和感。

不同色温的灯光会形成不同的空间分区,灯光色彩对于最终呈现的视觉效果会有很大的影响,另外店内陈设的艺术品、橱窗的背景板等也都会对照明效果产生影响(图 7-99、图 7-100)。

图 7-99 材质与灯光

图 7-100　灯光的色彩

珠宝专卖店的灯光色彩既要有所变化，又要有所统一，灯光色彩要能与陈设品的色彩相对应。

　　珠宝专卖店内还可以适量采用装饰照明来渲染气氛，要控制好灯具的照射方向与灯具的数量，避免与店内其他装饰构造产生冲突（图7-101、图7-102）。

图 7-101　装饰照明

图 7-102　低亮度照明

装饰照明要区别于店内的基础照明和重点照明，不可将装饰照明用于珠宝照明，装饰照明仅起到烘托店内环境的作用。

珠宝专卖店内的装饰照明亮度不宜过高，要能与店内整体的照明相协调。

7.4.3 珠宝专卖店照明案例解析

1）不同珠宝适合不同的色温

灯具的显色性也很重要，注意选择高显色性灯具产品（图 7-103 ～图 7-105）。

玻璃材质 T5 灯管（21 W/4500 K）

铝质筒灯（12 W/5000 K）

照明要营造轻松愉悦的沟通氛围，整体空间照度值控制在 200 ～ 300 lx，色温控制在 3800 K 左右。这里选用了呈 L 形排列的筒灯作为重点照明。

图 7-103　合适的色温和照度营造氛围

铝、玻璃材质艺术吊灯（80 W/4500 K）

玻璃材质 T5 灯管（18 W/4500 K）

铝质筒灯（12 W/4000 K）

图 7-104　环形的入口要选择与之相配的灯具　　　图 7-105　柔和的光线更能突显宝石的色泽

入口处要能体现明亮感，环形入口区域的顶棚设计了花形吊顶，选用照度适中的水景大吊灯为店内陈设提供基本照明。水景吊灯流苏的光影在地面上投射出特色图案。

珠宝橱窗选用了能突显宝石特色的 LED 筒灯，光线比较柔和，光色丰富，热辐射小。

2）照明营造大气感

灯具布置要有规则感，吊顶设计成内凹造型，让灯具与吊顶融合为一个整体（图 7-106 ～ 图 7-108）。

铝质联装筒灯
（12 W/4500 K）

玻璃材质筒灯
（36 W/3500 K）

珠宝专卖店入口处照明要与店内整体照明相协调，要能给人一种很高档的感觉，这里的入口照明和整体照明都选用了筒灯，并配有层板灯，营造出辉煌明亮的气氛，既方便顾客挑选饰品，也能吸引人。

玻璃材质 T5 灯管
（21 W/4000 K）

图 7-106　排列整齐的灯具能营造出金碧辉煌的视觉感

玻璃、铁件材质吊灯（55 W/3500 K）

铝质筒灯
（3 W/3200 K）

铝质轨道射灯
（12 W/4200 K）

橱窗照明选用了卤素灯，灯光显色效果好，能很好地展示珠宝的魅力。

陈列区照明要注意店面环境照明与重点照明的关系，陈列区上方均设置有轨道射灯，下照式照明能很好地体现珠宝的魅力，铁艺艺术吊灯则为店面环境提供照明，空间有主有次，丝毫不凌乱。

图 7-107　小橱窗选对合适的光源，营造大气感　　图 7-108　陈列区的照明要分清主次

本章小结

　　照明的灵活性和功能性对商业空间的形象塑造起到了很大作用，在这四种商业空间照明设计中，要充分考虑室内色彩、材质对灯光效果的影响，明确灯具造型、照度值、灯具布局对视觉效果的影响。在照明设计过程中，要学会合理运用不同的照明方式。照明设计需要以人为本，安全第一，注重灯光给予消费者的心理感受，营造更适合大众的照明环境。

第8章

住宅无主灯照明设计

重点概念： 无主灯、筒灯、射灯、吊顶构造、功率。

本章导读： 住宅空间形式相对统一，有较明确的活动功能分区，在照明设计中对灯具的选用早已形成定式，同时也限制了住宅室内设计的发展。为了强化住宅空间的使用功能，降低住宅设计、施工成本，采取无主灯设计具有较多优势，无主灯设计已成为当今住宅照明设计的流行趋势（图 8-1）。

图 8-1　客餐厅无主灯照明

　　去掉传统的吊灯，采用等距分布的筒灯照明，将面积较大的客餐厅空间通体照明。这种照明设计手法借用公共空间的照明布局，能有效避免主灯在面积较大的室内空间中形成局部照明，导致边角空间照度不足的缺陷。

8.1 无主灯设计基础

单一的住宅功能空间中通常是有一个主灯的，如吸顶灯、吊灯等，这些形体较大的灯具多安装在顶部中央，成为空间照明的主体，能照亮整个室内空间。但是这种灯具布置方式往往存在很大缺陷，如照明强度过于集中、占据室内空间高度、灯具昂贵不便清洁等，这些问题严重干扰住宅空间室内装饰效果（图 8-2、图 8-3）。

客厅主灯多为吊灯，在客厅中央向下垂吊安装，灯光集中。为了提升空间的照度，多会在吊顶周边补充筒灯或射灯，弥补客厅周边照度的不足。

图 8-2　客厅主灯照明

如果卧室主灯为吊灯，则会影响床的摆放与使用。

图 8-3　卧室主灯照明

如果住宅空间室内面积较大，主灯的照明范围就会显得比较局促，往往需要在开放式客餐厅中安装 2 ~ 3 个主灯，而这样则会让住宅空间显得杂乱且无主次关系。于是，很多设计师开始尝试去除主灯，将大型公共空间的灯光设计理念引入住宅空间中，优化了住宅照明功能与视觉效果（图8-4）。

客餐厅的连体空间面积较大，搭配开放式厨房，让空间更显开阔，主灯的设计与安装就完全失去了空间界定。可大量采用筒灯，根据不同功能区来布置，让筒灯的照度均匀覆盖全部空间。

图 8-4　客餐厅无主灯照明

8.1.1　无主灯概念

无主灯照明概念主要集中在两方面：

（1）弱化空间中单件灯具的形体与照明功能，由单件灯具扩展为多件灯具，形成多向照明。

（2）对空间中需要照明的部位进行独立照明，形成分散照明（图8-5），即无主灯照明 = 多向照明 + 分散照明。

完全去除顶面灯具，在客厅中各部位墙面上设计发光灯具，从侧面照亮整个空间。落地灯是主要照明灯具，但是将灯光的视觉分散，仅满足沙发等座席区的采光需求。

图 8-5　客厅无主灯照明

8.1.2 无主灯流行趋势

精装修住宅多采用无主灯设计，照明灯具以分散筒灯、射灯为主。（图 8-6 ）。

（a）开放式厨房、餐厅　　　　　　　　　　（b）客厅

图 8-6　美式现代乡村风格住宅

> 厨房餐厅一体化后，全部采用筒灯照明，厨房筒灯直径规格较大，照明强度高，餐厅筒灯直径规格较小，有一定聚光性，能集中照射到就餐台面上，营造就餐氛围。

> 客厅面积较大，筒灯布局看似均分毫无规律，其实是按主要停留区进行照明的，如对沙发区与走道区进行集中照明。

2017 年开始，我国住宅设计理念开始发生变化，由以往注重风格设计转变到注重功能设计。无主灯设计由单一主灯向多元化灯具方向发展，设计分控开关，营造不同使用场景的照明功能（图8-7 ）。

（a）开放式厨房、餐厅、客厅　　　　　　　　　　（b）卧室

图 8-7　现代风格住宅

> 餐桌上安装吊灯，但是对于整个客餐厅区域而言，餐厅吊灯不是主灯，既不位于整体空间中央，照度也不能涉及整体空间。

> 卧室床的周边设计筒灯，避免在床头处产生眩光而影响睡眠，床头壁灯能提供补充照明。

8.1.3 无主灯照明优势

无主灯照明具有以下优势：

（1）个性照明。营造层次丰富的光照效果，满足各种情景照明的需要。弱化或删减主灯形象，灯具造型简洁，提高认知度。

（2）节能省电。光源为高光效的 LED，保持低压状态工作，节能省电更明显。采用 48 V 以下电压，相对传统 220 V 电压而言安全性更高。

（3）保护视力。LED 为颗粒光源，经过分散后能防眩、防刺激，保护视力健康。

（4）搭配自由。磁吸轨道灯具，可以自由搭配、自由增减、自由移动。灯具模块化设计，安装更换便捷（图 8-8）。

对空间顶面全局吊顶设计，采用双联组筒灯、独立射灯、灯带组合照明。

照明部位主要集中在人长期停留的位置，局部照度略高，形成明暗对比的层次感。

图 8-8 住宅无主灯照明设计方案

卧室顶面采用低功率灯具，搭配台灯，避开床头，避免产生眩光。

除了照明衣柜，还搭配装饰吊灯衬托空间艺术氛围。

8.1.4 无主灯照明灯具

根据市场灯具商品的销售状况，考察并收集一批不同规格、型号的灯具，作为无主灯设计的媒介基础，统计并分析灯具的多种参数性能，为后期设计奠定基础（图 8-9、表 8-1）。

图 8-9　灯具产品

注：电商平台上的灯具品种非常丰富，考察时注意记录灯具产品的功率、外形尺寸等数据。

表 8-1　常用无主灯照明灯具一览表

灯具名称	形态规格	图例	色温	供电要求	使用部位	功能特色
嵌入式 LED 筒灯	ϕ95 mm；高 33.5 mm		4000 K	12 ~ 220 V，4 W	安装于吊顶上，适用于过道、玄关等	重点、局部、装饰照明，具有氛围感
LED 灯带	宽度 16 mm；厚度 7 mm		6500 K	12 ~ 220 V，9 W/m	安装于吊顶上、墙面或地面的暗槽中	丰富空间层次感，强调空间轮廓感
LED 智能台灯	灯罩 ϕ215 mm；支架长 440 mm；底座 ϕ220 mm		3100 K/ 5000 K	12 ~ 220 V，16 W	放置于台面，多用于学习、办公空间	光线柔和，起护眼作用
吊灯	长度 1150 mm；宽度 100 mm；厚度 25 mm		3000 K/ 4000 K	24 ~ 220V，36 W	悬挂于客厅、餐厅的天花板中央，适用于极简风格空间	造型个性，适用性强
明装吸顶式 LED 射灯	ϕ58 mm；长度 152 mm		3000 K/ 4000 K	24 ~ 220 V，36 W	吊顶或楼板表面，适用于现代风格室内空间，灯具整体外露	光线集中，起强调灯光效果的作用，可无须吊顶构造安装

灯具名称	形态规格	图例	色温	供电要求	使用部位	功能特色
嵌入式LED面板灯	宽 300 mm；长 600 mm		4000 K	24 ~ 220 V，24 W	用于集成吊顶或石膏板，多安装于浴室、厨房等	光线柔和，防水防尘效果性能佳
人体感应夜灯	宽 85 mm；长 90 mm		1800 K/3000 K	12 ~ 220 V，0.7 W	卧室、过道、楼梯，适用于多种风格室内空间	光线柔和，使用便捷
LED 吸顶灯	φ550 mm；厚 12 mm		4000 K/6500 K	24 ~ 220 V，36 W	多悬挂于客厅、餐厅的天花板中央	光线舒适，安装便利，空高占比小，增强房屋空间感
嵌入式LED地埋灯	φ114 mm；高 115 mm		2700 K	12 ~ 220V，3 W	室外台阶灯或停车场灯具，多用于室外空间	光线柔和，占用空间小，防水、防漏电
LED 仿钨丝灯泡	φ60 mm；长 104 mm		3000 K	24 ~ 220 V，4/6 W	餐厅、咖啡馆、画廊等商业场所，适用于复古设计室内空间	光线温暖，烘托氛围，可无须吊顶构造安装
U 形节能灯	φ27 mm；长 143 mm		2700 K	24 ~ 220 V，18 W	餐厅、卧室等场所，适用于极简风格室内空间	光线温暖，烘托氛围，可无须吊顶构造安装
LED 桌灯	长 257 mm；宽 160 mm；高 505 mm		4000 K	24 ~ 220 V，12 W	随意放置于台面，烘托室内空间氛围，增加灯光层次	磨砂玻璃灯罩，光感细腻，外形美观，安装便捷
UVC 杀菌灯	φ185 mm；高 528 mm		—	36 ~ 220 V，37.5 W	厨房、卫生间、卧室等小型室内空间	紫外线为不可见光，起消杀细菌的作用

灯具名称	形态规格	图例	色温	供电要求	使用部位	功能特色
LED 镜前灯	ϕ27 mm；长 550 mm		6500 K	24 ~ 20 V，11.5 W	浴室、化妆镜、梳妆台，适用于现代简约设计室内空间	大气简约的线条设计，安装便利，防水绝缘
拾音氛围灯	长 252 mm；宽 36 mm；高 44 mm		2000 ~ 6500 K	24 ~ 220 V，6.6 W	与电子设备连接，可安装于客厅、电竞房	任意摆放，灯光与影音同步
嵌入式 LED 明装灯带	开槽尺寸 14 mm；长 1000 mm；宽 52 mm		4000 K	24 ~ 220 V，10 W/m	吧台、过道、展厅等多种场所，适用于现代设计室内空间	质感光影，创意拼接，无可视频闪，R_a > 90，显色还原度高
导轨射灯	ϕ60.5 mm；长 110 mm		4000 K	24 ~ 220 V，15 W	商用（展厅、柜台）、家用多种场合室内空间	节能光，高显色，灵活可调节角度，全方位布光
LED 格栅明装射灯	长 203 mm；宽 106 mm；高 100 mm		4000 K	36 ~ 220 V，35 W	商用（展厅、柜台）、家用多种场合室内空间	有光束感，打造空间层次感，起到拉高层高的视觉效果
LED 硅胶灯带	厚 8 mm；宽 8 mm		4000 K	24 ~ 220 V，10 W/m	居家、办公、酒店、商场多种场合室内空间	高透光率，防水阻燃，适配广泛
LED 吸顶风扇吊灯	ϕ410 mm；高 410 mm		3000 K/6000 K	36 ~ 220 V，36 W	家用，适合功能型客厅	均衡夏、冬季室温，多用于氛围照明，满足不同需求

8.2 住宅无主灯照明案例解析

以下列出四套具有代表性户型的住宅，这些住宅来自全国不同地区，户型布局设计具有代表性，对其进行无主灯照明设计，列出每套户型的平面布置图、照明布置图、灯具配置表与照明效果图，详细分析每套户型中的照明设计要点。

8.2.1 北京市孔雀大卫城 136 m² 住宅

设计师： 汤彦萱。

户型档案： 这是一套建筑面积约为 136 m² 的四居室户型，含卧室三间、书房一间、卫生间两间，客厅、餐厅、厨房各一间，另外还分离出更衣间，朝南、朝北的阳台各一处（图 8-10、图 8-11、表 8-2）。

设计分析： 这套户型面积较大，但是要求分配出较多的房间，因此每间房面积不大，家具布置比较紧凑，要满足多人口家庭居住，设计模块化卫生间，两处卫生间功能配置相同。

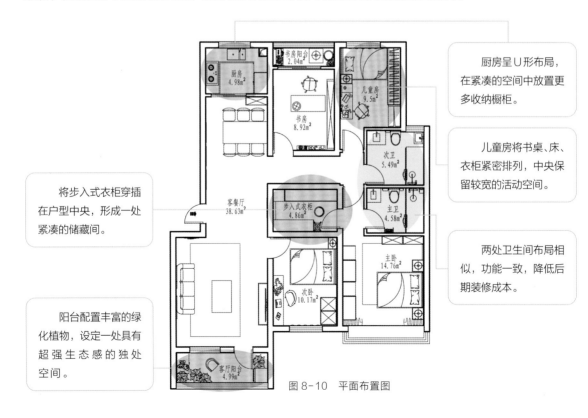

将步入式衣柜穿插在户型中央，形成一处紧凑的储藏间。

阳台配置丰富的绿化植物，设定一处具有超强生态感的独处空间。

厨房呈 U 形布局，在紧凑的空间中放置更多收纳橱柜。

儿童房将书桌、床、衣柜紧密排列，中央保留较宽的活动空间。

两处卫生间布局相似，功能一致，降低后期装修成本。

图 8-10 平面布置图

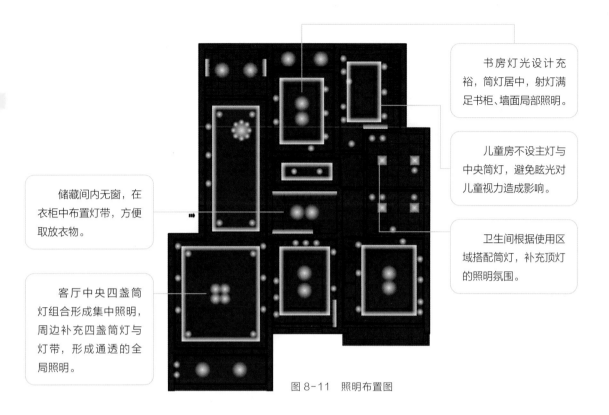

书房灯光设计充裕，筒灯居中，射灯满足书柜、墙面局部照明。

儿童房不设主灯与中央筒灯，避免眩光对儿童视力造成影响。

储藏间内无窗，在衣柜中布置灯带，方便取放衣物。

卫生间根据使用区域搭配筒灯，补充顶灯的照明氛围。

客厅中央四盏筒灯组合形成集中照明，周边补充四盏筒灯与灯带，形成通透的全局照明。

图 8-11　照明布置图

表 8-2　灯具配置

空间	灯具	图例	数量	规格型号	色温	开关控制
餐厅	防眩筒灯		7 个	10 W，ϕ93 mm，开孔 ϕ85 mm	4000 K	墙面 2 开
	暗藏灯带		15 m	8 W/m，120 珠	3000 K	墙面 1 开
	吊灯		1 件	60 W，ϕ780 mm	4000 K	墙面 1 开

空间	灯具	图例	数量	规格型号	色温	开关控制
走道	防眩筒灯		2个	10 W，ϕ93 mm，开孔 ϕ85 mm	4000 K	墙面1开
	暗藏灯带		6 m	8 W/m，120珠	3000 K	墙面1开
客厅	防眩筒灯		8个	10 W，ϕ93 mm，开孔 ϕ85 mm	4000 K	墙面1开
	防眩筒灯		6个	6 W，ϕ79 mm，开孔 ϕ65 mm	4000 K	墙面1开
	暗藏灯带		15 m	8 W/m，120珠	3000 K	墙面1开
客厅阳台	防眩筒灯		2个	10 W，ϕ93 mm，开孔 ϕ85 mm	4000 K	墙面1开
	防眩筒灯		2个	6 W，ϕ79 mm，开孔 ϕ65 mm	4000 K	墙面1开
书房	防眩筒灯		2个	10 W，ϕ93 mm，开孔 ϕ85 mm	4000 K	墙面1开
	防眩筒灯		6个	6 W，ϕ79 mm，开孔 ϕ65 mm	4000 K	墙面1开

空间	灯具	图例	数量	规格型号	色温	开关控制
书房	暗藏灯带		10 m	8 W/m, 120 珠	3000 K	墙面 1 开
书房阳台	防眩筒灯		2 个	10 W, ϕ93 mm, 开孔 ϕ85 mm	4000 K	墙面 1 开
厨房	防眩筒灯		2 个	12 W, ϕ93 mm, 开孔 ϕ85 mm	4000 K	墙面 1 开
	柜下灯带		2 m	8 W/m, 120 珠	3000 K	墙面 1 开
储藏间	防眩筒灯		2 个	10 W, ϕ93 mm, 开孔 ϕ85 mm	4000 K	墙面 1 开
	柜内灯带		5 m	6 W/m, 60 珠	3000 K	墙面 1 开
次卫	扣板顶灯		2 件	32 W, 300 mm × 300 mm	3500 K	墙面 1 开
	防眩筒灯		3 个	6 W, ϕ79 mm, 开孔 ϕ65 mm	4000 K	墙面 1 开
主卫	扣板顶灯		2 件	32 W, 300 mm × 300 mm	3500 K	墙面 1 开

空间	灯具	图例	数量	规格型号	色温	开关控制
主卫	防眩筒灯		4个	6 W, φ79 mm, 开孔 φ65 mm	4000 K	墙面1开
儿童房	防眩筒灯		8个	6 W, φ79 mm, 开孔 φ65 mm	4000 K	墙面2开
	床头台灯		1个	12 W, E27	3500 K	灯具2开
	暗藏灯带		8 m	8 W/m, 120珠	3000 K	墙面1开
次卧	防眩筒灯		6个	6 W, φ79 mm, 开孔 φ65 mm	4000 K	墙面1开
	吊灯		1个	12 W, E27	3500 K	墙面1开
	防眩筒灯		2个	10 W, φ93 mm, 开孔 φ85 mm	4000 K	墙面1开
	暗藏灯带		10 m	8 W/m, 120珠	3000 K	墙面1开
	床头台灯		2个	12 W, E27	3500 K	灯具2开
	柜内灯带		1 m	6 W/m, 60珠	3000 K	墙面1开

空间	灯具	图例	数量	规格型号	色温	开关控制
主卧	防眩筒灯		2个	10 W，ϕ93 mm，开孔 ϕ85 mm	4000 K	墙面 1 开
	防眩筒灯		8个	6 W，ϕ79 mm，开孔 ϕ65 mm	4000 K	墙面 2 开
	暗藏灯带		11 m	8 W/m，120珠	3000 K	墙面 1 开
	床头台灯		2个	12 W，E27	3500 K	灯具 2 开

客厅照明效果图

客厅阳台照明效果图

餐厅照明效果图

次卧照明效果图

主卧照明效果图

儿童房照明效果图

书房照明效果图

8.2.2 武汉市碧桂园生态城 110 m^2 住宅

设计师： 王晓艳。

户型档案： 这是一套建筑面积约为 110 m^2 的三居室户型，含卧室两间、卫生间两间，客厅、书房、餐厅、厨房各一间，朝南、朝北的阳台各一处（图 8-12、图 8-13、表 8-3）。

设计分析： 这套户型南北通透，每个区域的通风、采光条件都很不错，尤其是朝南的大阳台，可满足一大家人的衣物晾晒之需。为了进一步开阔室内空间的视觉感，将厨房、餐厅、服务阳台设计一体化，形成开阔的客餐厅，满足孩子在家里奔跑活动的需求。

将厨房与餐厅打通，更好地运用户外采光，减少白天对灯光的依赖。

两处卫生间形态不同，但是功能相同，设备配置齐全。

阳台放置钢琴，充分运用采光，填充休闲时光。

老人与孩子居住次卧，孩子长大后的独立空间，固定家具预先设计完善。

书房是现代都市生活不可缺少的功能区，家具灵活摆放。

次卧考虑儿童的眼睛未发育成熟，灯光以间接照明为主，光照强度较低。

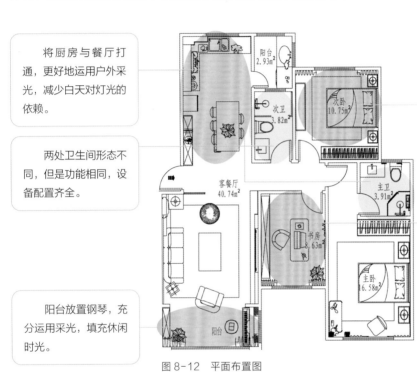

图 8-12　平面布置图

餐厅、厨房灯光尽量分散布置，但是灯光集中投射到餐桌或橱柜上。

客厅灯光强烈且集中，环绕吊顶内侧安装灯带。

走道灯具排列整齐，间距统一。

书房灯光充足，灯具对称布局。

主卧室环绕吊顶内侧安装灯带，形成优雅的光效氛围。

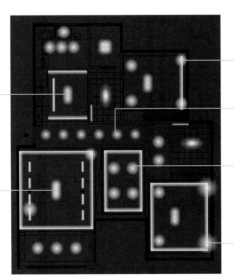

图 8-13　照明布置图

表 8-3　灯具配置

空间	灯具	图例	数量	规格型号	色温	开关控制
走道	防眩筒灯		6 个	10 W，ϕ93 mm，开孔 ϕ85 mm	4000 K	墙面 2 开
客厅	防眩筒灯		4 个	6 W，ϕ79 mm，开孔 ϕ65 mm	4000 K	墙面 1 开
	磁吸轨道灯		4 个 ×2 组	10 W，300 mm×22 mm×25 mm	3000 K	墙面 2 开
	暗藏灯带		22 m	8 W/m，120 珠	3000 K	墙面 1 开
	落地灯		1 个	19 W，E27，高 1800 mm	3500 K	灯具开关
生活阳台	防眩筒灯		3 个	10 W，ϕ93 mm，开孔 ϕ85 mm	4000 K	墙面 1 开
餐厅	防眩筒灯		3 个	6 W，ϕ79 mm，开孔 ϕ65 mm	4000 K	墙面 1 开
	线形槽灯		2 m	20 W，52 mm×13 mm	4000 K	墙面 1 开
	暗藏灯带		6 m	8 W/m，120 珠	3000 K	墙面 1 开

空间	灯具	图例	数量	规格型号	色温	开关控制
厨房	防眩筒灯		1个	12 W，ϕ93 mm，开孔 ϕ85 mm	4000 K	墙面1开
	防眩筒灯		3个	6 W，ϕ79 mm，开孔 ϕ65 mm	4000 K	墙面1开
服务阳台	方盒明装筒灯		1个	7 W×4，200 mm×20 mm×80 mm	4000 K	墙面1开
次卫	浴霸灯		1个	照明11 W，换气30 W，取暖2100 W，600 mm×300 mm	4000 K	遥控开关
	镜前灯		1个	11.5 W，550 mm×27 mm	6500 K	墙面1开
主卫	浴霸灯		1个	照明11 W，换气30 W，取暖2100 W，600 mm×300 mm	4000 K	遥控开关
	镜前灯		1个	11.5 W，550 mm×27 mm	6500 K	墙面1开
书房	防眩筒灯		4个	10 W，ϕ79 mm，开孔 ϕ65 mm	4000 K	墙面交替2开
	暗藏灯带		12 m	8 W/m，120珠	3000 K	墙面1开

空间	灯具	图例	数量	规格型号	色温	开关控制
次卧	防眩筒灯		3 个	6 W，ϕ79 mm，开孔 ϕ65 mm	4000 K	墙面 1 开
	防眩筒灯		2 个	10 W，ϕ93 mm，开孔 ϕ85 mm	4000 K	墙面 1 开
	暗藏灯带		3 m	8 W/m，120 珠	3000 K	墙面 1 开
	床头吊灯		2 个	12 W，E27	3500 K	墙面 1 开
主卧	防眩筒灯		3 个	10 W，ϕ79 mm，开孔 ϕ65 mm	4000 K	墙面 1 开
	防眩筒灯		4 个	10 W，ϕ93 mm，开孔 ϕ85 mm	4000 K	墙面 1 开
	暗藏灯带		16 m	8 W/m，120 珠	3000 K	墙面 1 开
	床头吊灯		2 个	12 W，E27	3500 K	墙面 2 开

客厅电视背景墙照明效果图

客厅沙发照明效果图

客厅照明效果图一

客厅照明效果图二

8.2.3　上海市世茂外滩 132 m² 住宅

设计师： 熊诗祺。

户型档案： 这是一套建筑面积约为 132 m²，使用面积约为 113 m² 的三居室户型，含主卧一间，次卧两间，卫生间两间，客餐厅、厨房各一间，阳台三处（图 8-16、图 8-17、表 8-4）。

设计分析： 这一套方案采用北欧风的设计风格，强调简约、明亮、整洁，整体空间美观大方，家具搭配合理，墙面、地面、天花三者调性一致，色彩协调，风格统一。户型采光充足，营造出宽敞明亮的舒适宜居空间。

阳台部分摆放阳台柜，合理利用空间，起到收纳与拓展功能性的作用。

卫生间功能设施配套齐全，空间利用率较高。

老人房空间摆放台灯与落地灯，增添空间中的层次感，空间布局紧凑而不拥挤。

客餐厅部分做隔断处理，合理分割空间，划分功能区域，布局宽敞，流线清晰。

主卧部分床头背景墙与电视背景墙相对，满足居住者休闲娱乐、放松身心的需要。

图 8-16　平面布置图

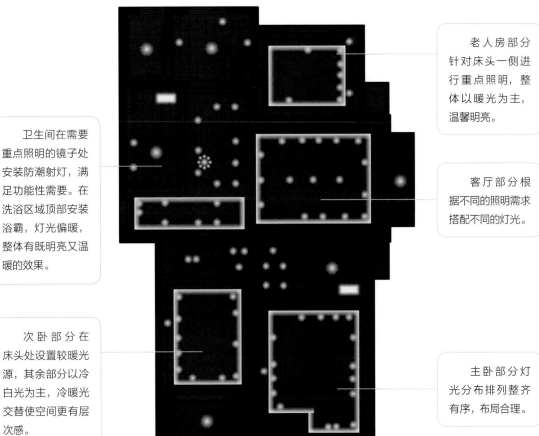

老人房部分针对床头一侧进行重点照明，整体以暖光为主，温馨明亮。

卫生间在需要重点照明的镜子处安装防潮射灯，满足功能性需要。在洗浴区域顶部安装浴霸，灯光偏暖，整体有既明亮又温暖的效果。

客厅部分根据不同的照明需求搭配不同的灯光。

次卧部分在床头处设置较暖光源，其余部分以冷白光为主，冷暖光交替使空间更有层次感。

主卧部分灯光分布排列整齐有序，布局合理。

图 8-17　照明布置图

表 8-4　灯具配置

空间	灯具	图例	数量	规格型号	色温	开关控制
走道	LED 筒灯		8个	5 W，φ75 mm	4000 K	墙面 2 开
	小开孔射灯		2个	3 W，φ30 mm	3000 K	墙面 1 开
	暗藏灯带		12 m	8 W/m，120 珠	3000 K	墙面 1 开

空间	灯具	图例	数量	规格型号	色温	开关控制
餐厅	LED 筒灯		8 个	5 W，ϕ75 mm	4000 K	墙面 2 开
	小开孔射灯		1 个	3 W，ϕ30 mm	3000 K	墙面 1 开
	吊灯		1 组（3 个）	13 W×3，E27	4000 K	墙面 1 开
客厅	LED 筒灯		10 个	5 W，ϕ75 mm	4000 K	墙面 2 开
	小开孔射灯		4 个	3 W，ϕ30 mm	3000 K	墙面 1 开
	暗藏灯带		26 m	8 W/m，120 珠	3000 K	墙面 1 开
	明装筒灯		3 个	8.5 W，ϕ150 mm，高 57 mm	4000 K	墙面 1 开
生活阳台	吸顶灯		1 个	12 W，ϕ180 mm，高 48 mm	5700 K	墙面 1 开
客厅阳台	吸顶灯		1 个	18W，ϕ300 mm，高 45 mm	6000 K	墙面 1 开

空间	灯具	图例	数量	规格型号	色温	开关控制
次卧阳台	吸顶灯		1个	24 W，298 mm × 298 mm × 24 mm	6000 K	墙面 1 开
厨房	平板灯		1个	36 W，600 mm × 600 mm	5700 K	墙面 1 开
	嵌入式防雾防尘筒灯		3个	15 W，φ125 mm	6000 K	墙面 1 开
次卫	防潮射灯		2个	7 w，φ85 mm	4000 k	墙面 1 开
	浴霸灯		1个	照明 12 W，换气 38 W，吹风 38 W，取暖 2730 W，300 mm × 600 mm	4000 K	无线触控开关 + AI 语音控制
	LED 集成吊顶面板灯		1个	16 W，300 mm × 300 mm	4000 K	墙面 1 开
主卫	浴霸灯		1个	照明 16 W，换气 35 W，吹风 35 W，取暖 2400 W，300 mm × 600 mm	4000 K	琴键五键机械开关
	LED 集成吊顶面板灯		1个	16 W，300 mm × 300 mm	4000 K	墙面 1 开

空间	灯具	图例	数量	规格型号	色温	开关控制
老人房	LED 筒灯		3 个	5 W，ϕ75 mm	4000 K	墙面 2 开
	桌面台灯		1 个	5 W，E27	5000 K	按钮开关
	落地灯		1 个	11 W，330 mm × 210 mm × 1750 mm	3000 K	插座 1 开
	小开孔射灯		4 个	3 W，ϕ30 mm	3000 K	墙面 1 开
	暗藏灯带		9 m	8 W/m，120 珠	4000 K	墙面 1 开
次卧	LED 筒灯		6 个	5 W，ϕ75 mm	4000 K	墙面 1 开
	小开孔射灯		5 个	3 W，ϕ30 mm	3000 K	墙面 1 开
	暗藏灯带		11 m	8 W/m，120 珠	4000 K	墙面 1 开
	壁灯		1 个	7 W，E27	3000 K	插座 1 开

空间	灯具	图例	数量	规格型号	色温	开关控制
主卧	LED 筒灯		14 个	5 W，ϕ75 mm	4000 K	墙面 2 开
	壁灯		1 件（2 盏）	5 W×2	3000 K	墙面 1 开
	小开孔射灯		7 个	3 W，ϕ30 mm	3000 K	墙面 1 开
	暗藏灯带		17 m	8 W/m，120 珠	4000 K	墙面 1 开
储物间	明装筒灯		2 个	8.5 W，ϕ150 mm，高 57 mm	4000 K	墙面 1 开

客厅照明效果图

客厅电视背景墙照明效果图

餐厅照明效果图

主卧照明效果图

老人房照明效果图

主卧电视背景墙照明效果图

主卧照明效果图

8.2.4　天津市贻成学府世家 123 m² 住宅

设计师： 云蝶。

户型档案： 这是一套建筑面积约为 123 m² 的四居室户型，含卧室三间、卫生间两间，客厅、餐厅、厨房各一间，书房一间以及储物室一间，朝南阳台一处（图 8-20、图 8-21、表 8-5）。

设计分析： 这套户型南北通透，采光、通风性能出色，朝南的大阳台，延展视觉，满足衣物晾晒需求。为了进一步扩大室内空间的视觉感，将厨房和餐厅设计一体化，空间更宽敞，标准的四居室可以满足三代人的居住要求；人性化卫浴配置，生活更加便利；专设储藏间，尽情收纳。

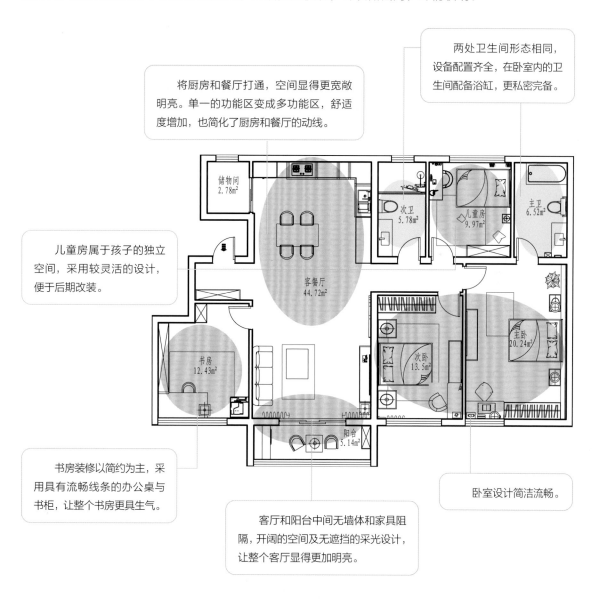

两处卫生间形态相同，设备配置齐全，在卧室内的卫生间配备浴缸，更私密完备。

将厨房和餐厅打通，空间显得更宽敞明亮。单一的功能区变成多功能区，舒适度增加，也简化了厨房和餐厅的动线。

儿童房属于孩子的独立空间，采用较灵活的设计，便于后期改装。

书房装修以简约为主，采用具有流畅线条的办公桌与书柜，让整个书房更具生气。

客厅和阳台中间无墙体和家具阻隔，开阔的空间及无遮挡的采光设计，让整个客厅显得更加明亮。

卧室设计简洁流畅。

图 8-20　平面布置图

餐厅、厨房灯光较分散，主要在餐桌上方有集中照明，操作区内置灯带照亮灶台。

儿童房灯光较柔和可充分照亮每一个角落，在书桌上方进行重点照明，可减少眼睛疲劳。

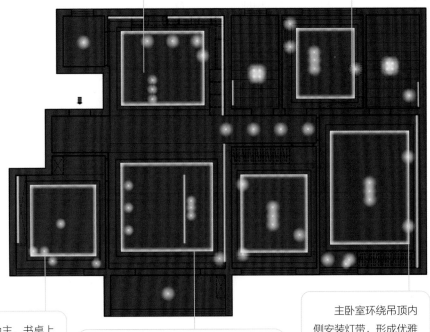

书房以功能性照明为主，书桌上方进行重点照明，书柜内设置灯带，有补充照明和营造气氛的功能。

客厅灯光强烈且集中，环绕吊顶内侧安装灯带，多层次照明满足不同需求。

主卧室环绕吊顶内侧安装灯带，形成优雅的氛围光，床头背景墙内置灯带，灯光柔和，方便夜晚起床的照明。

图 8-21 照明布置图

表 8-5 灯具配置

空间	灯具	图例	数量	规格型号	色温	开关控制
储物间	嵌入式筒灯		1 个	9 W，ϕ148 mm，开孔 ϕ120 mm	4000 K	墙面 1 开
客厅	嵌入式筒灯		3 个	9 W，ϕ148 mm，开孔 ϕ120 mm	6500 K	墙面 1 开
	磁吸泛光灯		3 个	24 W，804 mm × 35 mm × 43 mm	6500 K	墙面交替 2 开

空间	灯具	图例	数量	规格型号	色温	开关控制
客厅	暗藏灯带		6 m	8 W/m,120 珠	6500 K	墙面 1 开
	暗藏灯带		13 m	8 W/m,120 珠	4000 K	墙面 1 开
	落地灯		1 个	19 W, 242 mm× 242 mm×1438 mm	4000 K	灯具开关
	嵌入式筒灯		3 个	5 W, ϕ100 mm, 开孔 ϕ75 mm	6500 K	墙面 1 开
餐厅	餐桌吊灯		1 组	5 W×3, 1230 mm× 270 mm×850 mm	6500 K	墙面 1 开
	变光筒灯		3 个	5 W, 100 mm× 100 mm×5 mm	6500 K	墙面 1 开
	二珠白色方灯		1 组	5 W×2, 200 mm× 100 mm×102 mm	6500 K	墙面 1 开
	暗藏灯带		8 m	8 W/m, 120 珠	6500 K	墙面 1 开
	暖光灯带		12 m	8 W/m,120 珠	5000 K	墙面 1 开

空间	灯具	图例	数量	规格型号	色温	开关控制
书房	小方灯		1个	10 W，200 mm×200 mm×30 mm	6500 K	墙面1开
	嵌入式筒灯		2个	9 W，φ148 mm，开孔 φ120 mm	6500 K	墙面1开
	嵌入式筒灯		1个	5 W，φ100 mm，开孔 φ75 mm	6500 K	墙面1开
	暗藏灯带		16 m	8 W/m，120珠	4000 K	墙面1开
	落地灯		1个	10 W，1002 mm×277 mm×1504 mm	6500 K	插座1开
主卧	深藏可调射灯		3个	10 W，φ88 mm，开孔 φ83 mm，	4000 K	墙面交替2开
	嵌入式筒灯		2个	5 W，φ100 mm，开孔 φ75 mm，	4000 K	墙面1开
	床头灯		2个	12 W，257 mm×257 mm×432 mm	6500 K	插座1开
	暗藏灯带		13 m	8 W/m，120珠	4000 K	墙面交替2开

空间	灯具	图例	数量	规格型号	色温	开关控制
主卧	灯带		7 m	8 W/m, 120 珠	4000 K	墙面交替 2 开
	台灯		1 个	12 W, 179 mm × 81 mm×219 mm	4000 K	插座 1 开
次卧	嵌入式筒灯		3 个	9 W, φ148 mm, 开孔 φ120 mm	4000 K	墙面 1 开
	嵌入式筒灯		1 个	5 W, φ100 mm, 开孔 φ75 mm,	4000 K	墙面 1 开
	暗藏灯带		12 m	8 W/m, 120 珠	4000 K	墙面交替 2 开
	床头台灯		2 个	12 W, E27	6500 K	插座 1 开
主卫	浴霸灯		1 个	照明 11 W, 换气 30 W, 取暖 2100 W, 300 mm×600 mm ×85 mm	4000 K	遥控开关
	嵌入式筒灯		1 个	9 W, φ148 mm, 开孔 φ120 mm,	5000 K	墙面 1 开
	镜前灯		1 个	11.5 W, 550 mm×27 mm	6500 K	墙面 1 开

空间	灯具	图例	数量	规格型号	色温	开关控制
次卫	浴霸灯		1 个	照明 11 W，换气 30 W，取暖 2100 W，300 mm×600 mm ×85 mm	4000 K	遥控开关
	镜前灯		1 个	11.5 W，550 mm×27 mm	6500 K	墙面 1 开
儿童房	深藏可调射灯		3 个	10 W，ϕ88 mm	4000 K	墙面交替 2 开
	嵌入式筒灯		2 个	5 W，ϕ100 mm，开孔 ϕ75 mm	4000 K	墙面 1 开
	暗藏灯带		11 m	8 W/m，120 珠	4000 K	墙面交替 2 开
	吊灯		1 个	12 W，283 mm×283 mm ×1571 mm	6500 K	插座 1 开
阳台	变光筒灯		1 个	5 W，100 mm×100 mm×5 mm	6500 K	墙面 1 开
走道	嵌入式筒灯		4 个	9 W，ϕ148 mm，开孔 ϕ120 mm	6500 K	墙面 1 开

客厅照明效果图

客厅全景照明效果图

餐厅照明效果图

书房照明效果图

次卧照明效果图

儿童房照明效果图

主卧照明效果图

本章小结

　　无主灯设计是现代住宅照明设计的趋势，将繁琐的装饰照明转变为功能照明，专用于需要的照明部位，是强化室内功能空间的重要设计方式。对筒灯、射灯的选用更注重质量与功能，要求灯具产品具有过硬的质量。同时合理选用台灯、壁灯、落地灯对空间局部进行补助照明，搭配灯带营造氛围照明。

参考文献

[1] 远藤和广，高桥翔. 图解照明设计［M］. 吕萌萌，冷雪昌，译. 南京：江苏凤凰科学技术出版社，2017.

[2] 日本靓丽社. 庭院灯光造景设计［M］. 侯咏馨，译. 福州：福建科学技术出版社，2013.

[3] LED照明推进协会. LED照明设计与应用［M］. 李农，杨燕，译. 北京：科学出版社，2009.

[4] X-Knowledge出版社. 照明设计解剖书［M］. 马卫星，译. 武汉：华中科技大学出版社，2018.

[5] 彼得·特雷金扎（Peter Tregenza），迈克尔·威尔逊（Michael Wilson）. 建筑采光和照明设计［M］.
     胡素芳，译. 北京：电子工业出版社，2014.

[6] 漂亮家居编辑部. 照明设计终极圣经［M］. 南京：江苏凤凰科学技术出版社，2015.

[7] 北京照明学会照明设计专业委员会. 照明设计手册［M］. 北京：中国电力出版社，2017.

[8] 东贩编辑部. 照明设计全书［M］. 南京：江苏凤凰科学技术出版社，2021.

[9] 郭明卓. 照明法则［M］. 南京：江苏凤凰科学技术出版社，2019.

[10] 姜兆宁，刘达平. 照明设计与应用［M］. 南京：江苏凤凰科学技术出版社，2020.

[11] 塞奇·罗塞尔（Sage Russell）. 建筑照明设计［M］. 宋佳音等，译. 天津：天津大学出版社，2017.

[12] 曹孟州. 室内配线与照明工程［M］. 北京：中国电力出版社，2014.

[13] 方光辉，薛国祥. 实用建筑照明设计手册［M］. 长沙：湖南科学技术出版社，2015.

[14] 杜丙旭. 室内灯光设计［M］. 李婵，译. 沈阳：辽宁科学技术出版社，2011.

[15] 刘祖明. LED照明设计与应用（第3版）［M］. 北京：电子工业出版社，2017.

[16] 王宇钢，周新阳. 舞台灯光设计［M］. 北京：文化艺术出版社，2012.

[17] 杨清德，等. LED照明设计及工程应用实例［M］. 北京：化学工业出版社，2013.

[18] 许东亮. 光的解读［M］. 南京：江苏凤凰科学技术出版社.2016.

[19] 庞蕴繁. 视觉与照明（第2版）［M］. 北京：中国铁道出版社，2018.

[20] 标准编制组. 建筑照明设计标准实施指南［M］. 北京：中国建筑工业出版社，2014.